玩 转 微 信
第 2 版

李晓斌　等编著

机 械 工 业 出 版 社

微信是一款超过 4 亿人使用的手机聊天工具，适用于大部分智能手机，支持发送语音、视频、图片、文字，同时用户还可以群聊。作为一种全新的社交工具，微信以其强大的社交功能成为人们首选的社交工具。

本书就是在这样一个时代应运而生的，它详细介绍了微信从诞生到发展壮大的历程，并仔细介绍了微信的强大功能，其中还特别详细介绍了微信的营销模式。作为一本提供了玩转微信教程、交友攻略和微信营销方式的图书，本书一定会带给读者更多的乐趣和收获。

本书内容丰富、结构清晰，注重图文并茂与实践应用，章节与内容之间相互呼应，适合广大微信用户的需要，同时也适合作为微信推广专员和微信营销员的参考用书。

图书在版编目（CIP）数据

玩转微信/李晓斌等编著．—2 版．—北京：机械工业出版社，2015.8（2016.11 重印）
ISBN 978-7-111-51323-0

Ⅰ．① 玩…　Ⅱ．① 李…　Ⅲ．① 移动电话机 – 信息交流 – 软件工具 –
基本知识　Ⅳ．① TN929.536 – 39

中国版本图书馆 CIP 数据核字（2015）第 202797 号

机械工业出版社（北京市百万庄大街 22 号　邮政编码　100037）
责任编辑：杨　源
责任校对：张艳霞
责任印制：李　洋

北京汇林印务有限公司印刷

2016 年 11 月第 2 版 · 第 2 次
169mm × 239mm · 21 印张 · 359 千字
4001-5500 册
标准书号：ISBN 978-7-111-51323-0
定价：56.00 元

凡购本书，如有缺页、倒页、脱页，由本社发行部调换
电话服务　　　　　　　　　　　　网络服务
服务咨询热线：（010）88361066　　机工官网：www.cmpbook.com
读者购书热线：（010）68326294　　机工官博：weibo.com/cmp1952
　　　　　　　（010）88379203　　教育服务网：www.cmpedu.com
封面无防伪标均为盗版　　　　　金 书 网：www.golden-book.com

前　言

手机早已是我们不可或缺的随身工具，而在这个时代中，微信又成为了最受欢迎的移动互联网应用之一。

微信的世界是非常精彩的，用户使用它不仅可以聊天交友，还可以浏览新闻、发布心情、扫描二维码，甚至可以实现手机支付的操作。

本书内容

本书在内容的安排上充分考虑了初学者的特点，介绍了微信的基础知识，并突出了实用性和操作性，便于用户将理论与实际相结合，全面掌握微信的应用方法。本书共分为8章，各章内容的具体安排如下：

第1章主要介绍微信的各种基础知识，其中包括微信的发展历史、微信的产品分析、微信和其他通信软件的对比等。

第2章主要介绍微信的安装方法，其中包括微信的安装平台、安装微信和注册微信账号等。

第3章主要介绍设置微信账号的方法，其中包括微信界面的介绍、微信个人账号信息的设置、微信消息提醒设置、微信账号的隐私设置、微信的使用消耗以及微信的软件设置等。

第4章主要介绍使用微信交友的方法，其中包括导入微信好友的方法、使用"扫一扫"功能、使用"附近的人"功能、使用"摇一摇"功能、使用"漂流瓶"和"小视频"等功能。

第5章主要介绍各种微信的玩法，其中包括聊天的方法、玩转"朋友圈"功能、使用微信的语音功能以及微信的新更新的一些其他功能等。

第6章详细介绍微信公众平台的功能，其中包括认识微信公众平台、微信公众平台的注册方法、微信公众账号如何设置与管理、微信公众平台通过手机群发消息和微信公众号的推广等。

第7章主要介绍微信的营销，其中包括微信营销的初步认识、微信公众平台的推广营销、微信公众账号的运营准则、微信营销的步骤、微信营销的六大渠道、微信营销的使用技巧以及微信营销成功案例等。

第8章主要介绍微信重要功能——微信支付，其中包括微信支付的初步认识、绑定和解除银行卡、支付前的准备、微信的支付操作及微信支付的交易记录等。

本书特点

本书内容充实，基本涵盖了微信的所有功能和各种新鲜有趣的玩法，同时介绍了微信公众平台和微信的营销方式。

● 紧扣主题

本书全部章节均围绕着微信的核心功能展开，书中所实践的操作也均与实际应用挂钩，书中的操作精简并且内容实用性强。

● 易学易用

本书采用基础知识与实践相结合的编写方式，用户在学习后可以立即通过书中的实践步骤对所学的内容进行巩固。

本书既适合微信广大用户的需要，同时也可以作为微信推广专员和微信营销员的参考用书。

关于本书作者

参与本书编写工作的人员包括李晓斌、张晓景、解晓丽、孙慧、程雪翩、王媛媛、胡丹丹、刘明秀、陈燕、王素梅、杨越、王巍、范明、刘强、贺春香、王延楠、于海波、肖阔、张航、罗廷兰等。本书在编写过程中力求严谨，由于编者水平有限，疏漏之处在所难免，望广大用户批评和指正。

编　者

目　录

前言

第1章　初识微信

第2章　微信的安装

第 5 章　玩转我的微信

第 6 章　体验微信公众平台

第7章 微信改变了营销模式

附　录

第1章

初识微信

微信是腾讯公司推出的一款基于智能手机操作平台的即时通讯应用程序，用户可以通过微信快速发送语音、视频、图片和文字等。

1.1 认识微信

　　微信是一个私密性和功能性完美结合的通信软件，软件的图标如图1-1所示。使用微信可以跨通信运营商和跨操作系统平台通过网络快速发送免费语音短信、视频、图片和文字，如图1-2所示。

图1-1

图1-2

　　提示：使用微信发送通讯内容时需消耗少量网络流量。

1.1.1 微信的发展历史

　　2011年1月21日，微信发布针对iPhone用户的1.0测试版。该版本支持通过QQ号添加好友。1.0版本在通讯上只能够发送文字和图片等简单的内容，如图1-3所示；在功能上也只能够进行头像、名字以及邮件地址等简单功能的修改，如图1-4所示。在随后的1.1、1.2和1.3测试版中，微信逐渐增加了对手机通讯录的读取、腾讯微博私信的互通和多人会话功能的支持，截至2011年4月，微信获得了4~5百万的注册用户。

　　2011年5月，微信发布了2.0版本，该版本新增了语音对讲功能，该功能的增加使得微信的用户群第一次有了显著增长，图1-5展示了语音对讲功能操作界面。

图 1-3

图 1-4

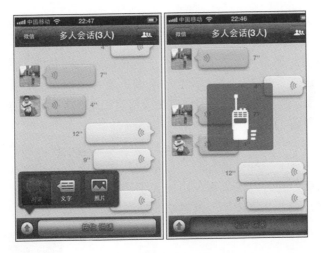

图 1-5

2011 年 8 月，微信添加了"附近的人"交友功能，该功能的添加使得微信用户达到了 1 500 万。到了 2011 年底，微信用户已超过 5 000 万。图 1-6 展示了"附近的人"功能操作界面。

2011 年 10 月，微信发布 3.0 版本，在该版本中加入了"摇一摇"和"漂流瓶"等功能，如图 1-7 所示。同时增加了对繁体中文语言界面的支持，并且支持中国港、澳、台地区及美、日两国的手机号绑定。

2012 年 3 月，微信用户数突破 1 亿大关。4 月 19 日，微信发布 4.0 版本。这一版本增加了类似 Path 和 Instagram 的相册功能，并且可以把相册分享到朋友圈。

图 1-6   图 1-7

2012 年 7 月，腾讯公司推出了微信 4.2 版本，该版本中增加了视频聊天插件，并发布了网页版微信，如图 1-8 所示。

2012 年 9 月，微信 4.3 版本增加了"摇一摇"传图功能，该功能可以把图片从计算机传送到手机上。这一版本还新增了语音搜索功能，并且支持解绑手机号码和 QQ 号，进一步增强了用户对个人信息的掌握。图 1-7 展示了摇一摇传图功能的操作界面。

2013 年 2 月，微信发布 4.5 版。这一版本支持实时对讲和多人实时语音聊天，并进一步丰富了"摇一摇"和"二维码"的功能，支持对聊天记录进行搜索、保存和迁移。同时，微信 4.5 还加入了语音提醒和根据对方发来的位置进行导航的功能，图 1-9 展示了二维码功能操作界面。

图 1-8   图 1-9

2013 年 8 月，微信 5.0 for iOS 和微信 5.0 for Android 上线了，添加了表情商店、游戏中心、添加银行卡、使用微信支付、收藏功能和自主研发的语音识别技术等功能，新增添加朋友的方式——按住添加朋友。订阅号的消息被折叠起来，使消息列表更干净。同时扫一扫功能也进行了全新升级，可以扫街景、扫条码、扫二维码、扫单词翻译和扫封面等，如图 1-10 所示。在当月，微信海外版（WeChat）的注册用户突破 1 亿，在一个月之内新增了 3 000 万注册用户。

图 1-10

2014 年 1 月 4 日，微信在产品内添加由"滴滴打车"提供的打车功能。

2014 年 3 月，微信开放支付功能。

2014 年 6 月，推出了微信 5.3 版本，在很多功能的细节上做了很大的调整。例如，在收藏的消息中可以添加标签进行分类查看，可以将多条消息收藏在一起，可以将其他语种的语言翻译成汉语，也可以将两分钟内发出的消息撤回等。

2014 年 9 月推出的微信 5.4 版本主要更新了在搜索联系人和聊天记录的同时还可以搜索公众号、公众号文章收藏和面对面收钱（通过扫二维码给身边的人转账）等功能。

2014 年 10 月推出的微信 6.0 for Android 版本增加了小视频功能，该功能是在聊天或朋友圈拍摄一段小视频，让朋友们看见自己眼前的世界。这一版本还增添了微信卡包功能，用户可以把优惠券、会员卡、机票和电影票等放到微信卡包里，方便使用，还可以赠送给朋友，如图 1-11 所示。现在可以给微信钱包设置手势密码了，微信游戏中心也全新改版。

2015 年 2 月推出的微信 6.1 版本增添了通过附件栏发微信红包的功能，还可以搜索朋友圈内容和附近的餐馆等，如图 1-12 所示。

图 1-11

图 1-12

1.1.2 微信的优势

微信具有零资费和跨平台等特性，与传统的短信通讯相比更灵活、更智能、更经济以及更加人性化，很多人使用微信的原因就是因为微信强大的通讯功能，而且微信的注册也非常简单，只要用户有 QQ 号、手机号或者电子邮箱就可以了，而这些早已经是很多人的生活必需品了。

1.2 微信的产品分析

有时候判断一个互联网产品的成败根本不需要去看数据，只需要看一看周围的人就可以了。近期，手机微信已经普遍成为人们的一种通讯工具，由此可以看出微信是一款非常成功的产品。

1.2.1 微信的发展逻辑

在微信发布之前，国内外已经有了很多类似于微信的应用程序。例如飞信、米聊、WhatsApp 和 Line 等，它们的 LOGO 如图 1-13 所示。

图 1-13

不论是飞信还是米聊等聊天工具，可以说都在很大程度上改变了用户使用即时通讯的方式，它们让即时通讯变得更加迅捷，更能表达出用户的情感，因而更具有社交性。

腾讯作为国内即时通讯领域最大的垄断者，拥有近 8 亿 QQ 注册用户和近两亿 QQ 同时在线用户，自然不会对这一市场的变化无动于衷，因此微信诞生了。

微信在早期就是借鉴了以上一些产品的功能，但在后期发布的版本中为了适应市场需求，又加入了许多自行开发的新功能。

（1）微信 1.0 版本仅能够发送文字和图片等简单的内容，相当于一款免费发短信的软件，和 Kik 软件的功能差不多，如图 1-14 和图 1-15 所示。但就当时而言，移动和联通等都有赠送短息的套餐，所以并没有多少人使用微信。

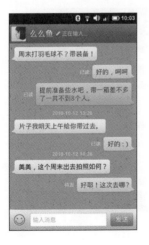 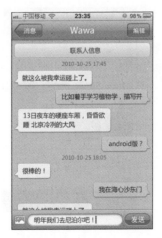

图 1-14　　　　　　　　　图 1-15

（2）在微信 2.0 版本中增加了像 Talkbox 那样的语音对讲功能，全面改善语音通讯功能，如图 1-16 和图 1-17 所示。在这个版本发布后，微信的用户群第一次有所增长，但和其他的通讯软件相差无几，并不突出。

　　　　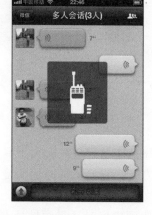

图 1-16　　　　　　　　　　　　　图 1-17

（3）腾讯公司为了使微信独具特点，在微信2.1～2.5版本中依次增加了视频功能和查看附近的人功能。查看附近的人功能使微信从众多的通讯软件中脱颖而出，成了一大亮点，再一次刷新了微信用户的增长点。

（4）在微信4.0版本中借鉴了 Path 和 Instagram 的相册功能，用户可以上传照片同时还可以分享到朋友圈，进一步增加了微信的用户人数。图1-18所示为 Instagram 2.0 版本，图1-19所示为微信4.0版本。微信朋友圈每天的发帖量已经大大超过微博最鼎盛的时候。

图 1-18

（5）在推出微信4.5版本时有一种说法，就是在未来可以通过微信进行支付了。没多久微信5.0发布，在该版本中可以直接绑定银行卡，并且增加了微信公众号、扫二维码（图中为扫描绿箭条码出现1号店）和 APP 实现一键支付等功能，如图 1-20 所示。

图 1-19

图 1-20

> 提示：App 是英文 Application 的简称，由于 iPhone 等智能手机的流行，现在的 App 多指智能手机的第三方应用程序。

可以说微信已经成为人们在移动端的必备沟通工具之一，微信 5.0 版本也可以说是微信发展历程中的一个转折点、一个里程碑。

（6）在接下来微信版本的每一次更新中都会将原有的功能更加细化地使用。在微信 5.0 ~ 5.5 版本中可以在发信息至朋友圈时附上自己的所在位置、通过计算机管家将聊天记录备份，还可以将收藏的消息和公众号等分类规划。

（7）在微信6.0版本中增加了小视频功能和微信卡包功能，如图1-21所示。基于微信，让小视频有着与生俱来的优势，而微信小视频的出现必定会让微视、美拍等短视频受到一定的冲击。用户对于软件的选择更多地取决于功能，微信卡包可以把优惠券和会员卡放入卡包进行保存和管理。

图1-21

（8）在微信6.1版本中通过附件栏发微信红包、搜索朋友圈内容和附近的餐馆等，如图1-22所示。

图1-22

1.2.2　微信的简单理念

用简单的方式解决复杂的问题，用简单而有效的方法面对纷繁变化的世界，我们经常会听到这样一句话——简单就是美，或者是这句话的各种变体，而且这句话适用于各个行业。

例如最近卖得很火的 iPhone、iPad 和 Watch 等一系列苹果公司的产品，如图 1-23 所示，每一种产品的设计都超级简单，没有过于复杂的界面和操作，但这种美已经得到了无数人的认可。

图 1-23

其实，对于设计界面的人来说，设计最简单的界面，让用户能够尽快地上手使用，并且所有的使用习惯都与用户的传统习惯相符，本身就是对客户的一种尊重。另外，在市场上一个产品是否能够取得成功，界面设计的好坏往往会起到非常重要的作用，因为简单易用的界面会让人真正感受到其中的美，并赢得更多的用户。

上面说了很多界面简单的好处，我们返回到微信的话题，微信之所以能够在短短的几年内就拥有 4.5 亿的用户量，与它的设计理念是分不开的。"简单"是微信负责人张小龙的信条，他曾经说过"我们喜欢简单，因为上帝创造宇宙的时候定下来的规则也非常简单"。接下来我们通过微信的功能来了解它的简单理念。

"摇一摇"的简单理念

首先从"摇一摇"的界面来介绍，打开"摇一摇"我们可以看到一张图片，这张图片是提示用户做一个摇手机的动作，除此之外还有摇歌曲和摇电视，其余没有任何其他入口和多余的文字提示，只有下面一个可以拉出来的菜单，显示上一次摇到的人，"摇一摇"的界面如图 1-24 所示。

接下来介绍它的功能，相信不用我说大家就已经知道了，只需要打开"摇一摇"，接着摇晃手机即可，

图 1-24

首先会听到一个声音，然后有一扇门打开，再合上。甚至在打开的时候，如果用户想换一张图片，可以把手指伸到缝里面点一下，这样就可以换一个背景图。

"摇一摇"的规则也非常简单，摇一下之后，就可以摇到与你同时摇手机的其他用户。"摇一摇"是随机配对的，可以用来交友，也可以用来做广告宣传，并且还不会被打招呼的人骚扰。

"漂流瓶"的简单理念

"漂流瓶"的界面也非常简单，以沙滩为背景，会随着时间的变化变为白天和晚上两种，下面只设了3个图标，分别是"扔一个"、"捡一个"和"我的瓶子"，这3个图标的作用都非常简单，相信玩手机的人都明白，"漂流瓶"的界面如图1-25所示。

图 1-25

"漂流瓶"的功能也很简单，一个人扔出一个瓶子，被另一个人捡到，并做出相应的回复。当然，捡到瓶子的人如果不想回复，也可以扔回大海，一个瓶子可以被3个人捡到，但如果一个人捡到并做出回复，就不会再被其他人捡到了。

1.3　微信和其他强大的对手

在这个竞争激烈的互联网时代，社交聊天软件层出不穷，微信凭着各方面的优势迅速发展并站稳了龙头老大的脚跟，但还有许多其他产品在逐渐发展之中，例如米聊、陌陌和飞信等聊天软件。

不论是怎样的成功者，在他的脚下都会有许多垫脚石，微信也不例外。随着微信的出现，众多的同类产品都沦为了它的垫脚石。下面将两种受到微信威胁但还在发展的同类产品与微信进行对比。

1.3.1 微信 VS 米聊

米聊在 2010 年 12 月 10 日发布内测版，比微信早推出了一个月，米聊是国内最早的短信聊天软件，也是最早推出语音、群聊功能的语聊软件，支持 Android、iPhone、Symbian（S60V3、S60V5），功能强大，具有头像、名片、发照片、录音、表情和广播墙等功能。本节将从多方面对微信和米聊进行对比，图 1-26 所示为米聊的官方网站。

图 1-26

这两款产品都定位于手机聊天工具，都支持文字信息、图片分享、语音聊天、多人群聊以及表情符号功能，下面将这些功能进行评测对比，分别看一看两个软件的特点和不足。

注册/登录方式

微信支持手机号、QQ 号、微信号以及 Email，如图 1-27 所示。

米聊支持米聊号、新浪微博账号、邮箱和新增的 QQ 号，如图 1-28 所示。

米聊在前期并不支持 QQ 号授权登录，只是接通了新浪微博，后面我们也会对微信与微博进行对比（微信的用户量远远高于微博的用户量），因此在登录方面微信就比米聊更胜一筹，用户量自然是不用多说。

米聊号是由系统自动生成的一串数字，不是很容易记忆；微信号则是由用户自己设置的数字、字母或数字和字母的组合，容易记忆，还可以具有用户的一些特色等。

图 1-27

图 1-28

交友圈

米聊在刚发布的时候，主打的是熟人交友社区，之后随着版本的不断更新，逐渐推出了附近、一起玩游戏等功能，使米聊的用户不再局限于熟人之间。

微信从一开始就是熟人和陌生人都适用的社交软件，在之后的版本中更是推出了如漂流瓶、摇一摇等多功能的交友工具，不仅让用户的心灵有一个可以倾诉的空间，也拉近了陌生人之间的距离。图 1-29 所示为微信和米聊交友功能界面。

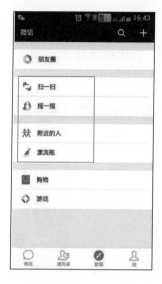 

图 1-29

信息状态

米聊在信息状态这一细节处理上非常用心，及时显示信息发送之后的状态，例如送达、已读、已听、发出和待发等，每一个提示代表信息的不同状态，让用户清晰可见，非常体贴，如图 1-30 所示。

 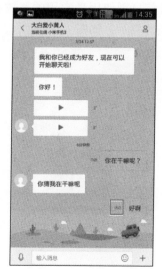

图 1-30

　　微信在这一方面很疏忽，我们只能去猜对方是否在线，是否看到了我们发送的消息，很多时候会变成自言自语。

语音对讲

　　微信的语音信息按照"时长＋扩音符"的方式来体现。在声音播放的时候，扩音符随着音量大小有不同的振幅，如图 1-31 所示。

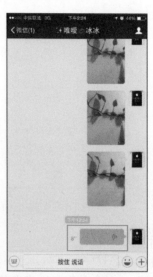

图 1-31

　　米聊语音信息则使用最常用的播放符号来展现，对于语音的时长以及播放状态都有明确的显示，如图 1-32 所示。

图 1-32

多人群聊

所谓独乐不如众乐，微信和米聊的群聊功能都做得特别好，支持最多 100 人群聊，支持文字、图文和语音等多形式表达。

图片内容处理

腾讯非常了解用户喜爱拍照的特性，在 iPhone 版微信以前的低版本中带有图片处理功能，如滤镜等，而且效果非常丰富，现在更新的版本不再带有图片处理功能。在 Android 版微信上从开始到现在一直就没有图像处理功能，图 1-33 所示为 Android 版微信的图片处理。

米聊直接提供的是手写涂鸦功能，涂鸦的画笔提供了多种颜色供大家选择使用，无论是照片涂鸦还是自由涂鸦，都可以选择画笔的颜色，而且还可以进行滤镜处理，如图 1-34 所示。

图 1-33　　　　　　　　　　　　　　　　图 1-34

导入联系人

作为通讯软件，米聊和微信都有导入联系人的功能，米聊可以搜索名字、小米账号、学校、公司和手机号；微信不仅可以导入手机联系人，还可以导入 QQ 好友，如图 1-35 所示。

总的来说，米聊和微信都是比较成功的手机通讯软件，各有长处，用户可以根据自己的需求进行选择。

图 1-35

1.3.2 微信 VS 陌陌

陌陌是陌陌科技在 2011 年 8 月 3 日发布的首个基于 iPhone、Android 和 Windows Phone 的手机应用，陌陌主打的是陌生人交友，与微信和米聊相比，它的位置信息更加精确，距离信息更加可靠，图 1-36 所示为陌陌的官方网站界面。

图 1-36

陌陌虽然比微信晚发布了 7 个月，但它的人气非常好，仅仅一年的时间用户量就突破了 1 000 万，到目前为止，陌陌的用户量为 1.803 亿，群组数量已经达到 450 万。

图 1-37 所示为陌陌的附近、消息和设置功能界面。

图 1-37

陌陌与微信"附近的人"功能一样,它们的功能都是与陌生人交友,因此我们从这一方面进行比较。

主界面

陌陌的主界面就是"附近",用来查找附近的人。微信的主界面是与好友的聊天列表,由此可以看出他们交友定位的不同,图 1-38 分别是陌陌和微信的主界面。

图 1-38

地理位置的精确度

微信只提供 1 000 米以内其他用户的大概距离，可以定位到 100 米以内。陌陌的定位信息比微信更加精确，它可以精确到米，图 1-39 所示为陌陌和微信搜索附近的人的功能界面。

图 1-39

产品定位

微信虽然具有地理位置定位功能，但是它还为用户保留了隐私空间，因为使用"附近的人"功能的用户目的不一定相同，如果只是想单纯聊天的朋友，自己的具体位置肯定是不想暴露的。

而陌陌的地理定位可以精确到几米，这样在沟通的时候更有话题，成为线下朋友的几率也会非常大。

注重的聊天方式不同

微信注重的是一对一的沟通交流，这样可以拉近双方的距离，在微信中也可以创建群聊，可以进行实时对讲等，但微信的群聊是自主发起的，其他人无法搜索并加入。

陌陌更加注重群组，这个功能基于地理位置，由一些距离相差不远、兴趣爱好相同的人组建而成。我们可以搜索到附近群组，并申请加入。在目前新发布的陌陌 5.8.1 版本中，又对陌陌的群组功能进行了优化，由此也可以看出陌陌更加注重群组，图 1-40 所示为通过陌陌搜索附近群组的界面。

图 1-40

1.4　我适合用微信吗

很多想玩微信的用户会问：我的手机可以玩微信吗？我适合玩微信吗？微信花钱吗？本节会一一为大家解释。

1.4.1　支持微信的手机

微信是随着智能手机的广泛使用而诞生的手机软件，因此用户想要玩转微信，就需要有一部可以下载、安装手机软件的智能手机。

目前微信支持苹果 iPhone 的 iOS 系统、Android 系统、Windows Phone 系统、Symbian 系统和黑莓手机的 BlackBerry 系统。由于系统不同，微信也有不同的版本，目前最新的版本分别是微信 6.1.1 for iPhone 版本、微信 6.1 for Android 版本、微信 5.3 for Windows Phone 8 版本、微信 4.2 for S60V3 版本和微信 4.3 for S60V5 版本。

1.4.2　开通微信需要花多少钱

大家在开通微信的时候都会考虑一个问题：微信到底是收费的还是免费的？对于这个问题腾讯微信官方也做出了承诺：微信的下载和使用是完全免费的，使用任何功能都不会收取费用。

但是在使用微信的时候会产生手机数据流量，这些数据流量是由网络运营商（中国移动、中国联通和中国电信）收取的，这里建议大家配合上网流量套餐使用。

既然会产生手机数据流量，那么大家肯定会关心微信到底会消耗多少流量。微信官网已经对微信所耗的流量进行了统计，如表 1-1 所示，并且微信精心设

表 1-1

各类型消息流量	
语音流量	0.9~1.2 千字节/秒
文字流量	1 兆字节可发约 1 000 条文字消息
图片流量	根据原图质量压缩至 50~200 千字节/张
视频流量	根据原视频质量压缩至 20~30 千字节/秒
上传通讯录	2 千字节/100 人
查看 QQ 好友	由对方的个人信息完整程度决定，下载后会缓存
查看通讯录好友	
查看附近的人	
图片缩略图、视频缩略图	3~5 千字节/张

计了通信协议，在后台运行时仅消耗极少的流量，一个月消耗约 1.7 兆字节的流量，这样就不用担心收不到微信好友发来的信息了。

而且微信本身也具有流量统计功能，登录微信进入到"我"界面，点击"设置 > 流量统计"，如图 1-41 所示，打开"流量统计"界面，图 1-42 显示的是最近 15 天内移动网络和无线局域网的流量使用情况。

图 1-41

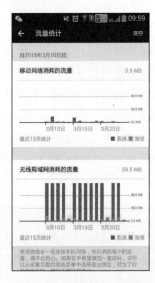
图 1-42

1.4.3 哪些人在使用微信

根据腾讯官方公布的信息，微信用户的性别比例和年龄分布如图 1-43 所示，男性占了 63%，而从年龄分布来看 20 ~ 30 岁的青年占了 74%。

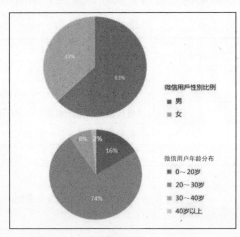
图 1-43

总的来说，目前微信用户群具有年轻化、男性居多的特征，从职业分布来看，拥有大量碎片时间的大学生是主体，如图 1-44 所示。

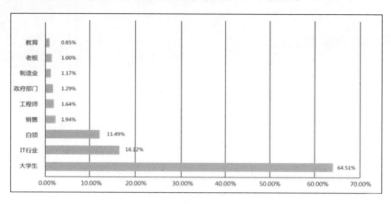

图 1-44

目前，微信的用户量以平均每天增加 23 万新用户的速度增长，而且以大学生为主，其次是 IT 行业和白领，因此微信的用户群具有年轻化的特点。我想这与初期的微信特点有关，因为发展初期腾讯借助 QQ 关系链将用户的 QQ 好友、邮箱好友以及手机通讯录好友社交关系链整合到产品之中，为微信积累了一定数量的用户群，而这些用户群当中以年轻人居多。

随着科技的发展，智能手机的使用人群越来越广泛，从高端人士、潮流人士、普通人群到学生群体等，甚至街上的大爷、大妈还有小朋友们也有用智能手机的，使用微信的用户群也会越来越多。

第 2 章

微信的安装

在第 1 章中已经了解了微信的基本功能，那么你是不是已经非常想使用微信了？ 不要着急，在开始遨游微信的精彩世界之前，我们还需要做一件事情，那就是安装微信软件以及注册微信账号，当然用户也可以直接使用 QQ 账号进行登录。

2.1 微信的安装平台

　　微信是腾讯公司推出的一款基于智能手机的即时通讯应用程序。既然是基于智能手机，那么对手机系统平台就有一定的要求，微信支持的系统有 iOS 系统、Android 系统、Windows Phone 系统、Symbian 系统、BlackBerry 系统以及 Series 40 系统，如图 2-1 所示。

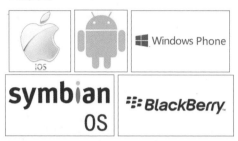

图 2-1

　　提示：Series 40 系统是指诺基亚非智能手机的一种操作系统，目前 Series 40 的一版和二版已经被淘汰了，现在常见的有 Series 40 三版、Series 40 五版以及最新的 Series 40 六版。

2.1.1 iOS 操作系统

　　iOS（iPhone Operation System）是由苹果公司开发的一款手持设备操作系统。该系统最初是设计给 iPhone 手机使用的，不过目前已经陆续套用到 iPod touch、iPad 以及 Apple TV 等苹果产品上，iOS 系统是这些产品的默认操作系统，也是唯一的操作系统，如图 2-2 所示。

图 2-2

iOS 系统具有简单易懂的界面、令人惊叹的功能以及超强的稳定性，这些性能已经成为 iPhone、iPad 和 iPod touch 的强大基础。

2.1.2 Android 操作系统

Android 是一种基于 Linux 的操作系统，主要用于智能手机和平板电脑，由 Google 公司和开放手机联盟合力开发。

Android 操作系统最初由 Andy Rubin 开发，主要支持手机，2005 年 8 月由 Google 收购注资。2007 年 11 月，Google 与 84 家硬件制造商、软件开发商及电信营运商组建开放手机联盟共同研发改良 Android 系统。其后于 2008 年 10 月，第一部 Android 智能手机终于发布了，如图 2-3 所示。

图 2-3

目前 Android 系统已经逐渐扩展到平板电脑及其他领域上，例如电视、数码相机和游戏机等，如图 2-4 所示。2011 年第一季度，Android 在全球的市场份额首次超过塞班系统，跃居全球第一。2012 年 11 月数据显示，Android 占据全球智能手机操作系统市场 76% 的份额，中国市场占有率为 90%。

图 2-4

2.1.3 Windows Phone 操作系统

Windows Phone 是微软公司发布的一款手机操作系统，该系统将微软旗下的 Xbox Live 游戏、Xbox Music 音乐与独特的视频体验整合到手机中。

2010 年 10 月，微软公司正式发布了智能手机操作系统 Windows Phone，同时将 Google 公司的 Android 系统和苹果公司的 iOS 系统列为主要竞争对手。2011

年2月，诺基亚与微软达成全球战略同盟并深度合作、共同研发。目前微软发布该系统的最新版本为 Windows Phone 8，Windows Phone 8 采用和 Windows 8 相同的内核，如图2-5所示。

图2-5

2.1.4　Symbian 操作系统

Symbian 系统是由塞班公司专为手机设计的操作系统。2008 年 12 月，塞班公司被诺基亚收购，所以 Symbian 系统也成为诺基亚手机的专用系统，如图2-6所示。

图2-6

2011 年 12 月，诺基亚官方宣布放弃塞班品牌。由于缺乏新技术支持，塞班的市场份额日益萎缩。截止到 2012 年 2 月，塞班系统的全球市场占有量仅为 3%，中国市场占有率则降至 2.4%。2012 年 5 月，诺基亚宣布彻底放弃继续开发塞班系统，取消塞班 Carla 系统的开发，但是服务将一直持续到 2016 年。

2013 年 1 月，诺基亚宣布今后将不再发布塞班系统的手机，意味着塞班这个智能手机操作系统退出市场。

2.1.5　BlackBerry 操作系统

2013 年 1 月，加拿大的 RIM 公司在美国纽约召开新闻发布会，在发布会上该公司宣布 RIM 正式更名为 BlackBerry。

BlackBerry 公司的主要产品为手持通讯设备，如图 2-7 所示。该公司第一款手机产品的型号为 RFF91LW，支持 AT&T 的 LTE 网络和 GSM 频段，同时该手机也支持一些国际频段。

图 2-7

2.1.6　Series 40 操作系统

和 Windows 系统相同，Series 操作系统也分为多个版本，Series 系列平台根据产品的定位可以细分为 Series 40 系统（基于大众市场的 JAVA 平台）、Series 60（基于主流智能终端）、Series 80（基于高端商务、移动办公应用）和 Series 90（基于前瞻性的手持触摸操控模式）。

不过和 Windows 系统不同的是，Series 系列平台的每一分类采用了不同的技术规范，除了 Series 90 系统仅有一款 7710 手机之外，其余的 Series 40、Series 60 和 Series 80 均经历了操作系统版本的升级和变更，其中用户群最为广泛的是 Series 40 操作系统，如图 2-8 所示。

图 2-8

2.2　安装微信

了解了安装手机的要求，那么就可以开始安装微信了，下面以 Android 系统平台的手机为例进行微信的安装。

2.2.1　安装前的准备

在安装微信之前，首先需要对手机进行一些设置，否则手机是无法安装外部手机软件的。

安全设置

进入手机的"设置"界面，点击"更多 > 安全 > 未知来源"，在弹出的"未知来源"对话框中点击"确定"按钮即可完成设置，如图 2-9 所示。

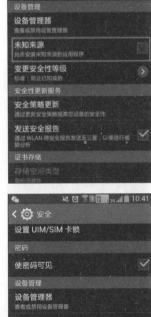

图 2-9

启动 USB 调试

进入手机的"设置"界面,点击"更多 > 开发者选项 > USB 调试",在弹出的提示对话框中点击"确定"按钮即可完成设置,如图 2-10 所示。

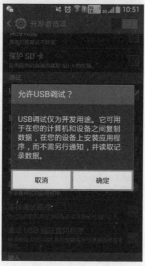

图 2-10

2.2.2 下载微信

经过以上调试,手机的初步设置已经基本完成了。不过以上的设置只针对 Android 系统的手机,虽然 Android 系统有不同的版本,但设置的方法基本上是相同的。

使用计算机进行下载

使用手机配套的 USB 线将手机和计算机连接起来，打开计算机的浏览器，在地址栏中输入"http://weixin.qq.com"，并按【Enter】键，如图 2-11 所示。单击页面中的"免费下载"按钮，在打开的页面中提供了微信软件的不同操作系统安装包的下载地址，如图 2-12 所示。

图 2-11

图 2-12

在页面中单击 Android 机器人图标，如图 2-13 所示。在弹出的"下载文件"对话框中设置下载文件的位置，并在"一键安装到手机"对话框中单击"仅下载到电脑"按钮，如图 2-14 所示。

图 2-13

图 2-14

找到刚刚下载的微信安装包，右击该安装包，在弹出的菜单中选择"复制"命令，如图 2-15 所示。打开"计算机"界面，双击其中的手机存储器，如图 2-16 所示。

弹出手机的存储器，用户可以选择 SD 卡，也可以选择内存设备，如图 2-17 所示。在存储器中按快捷键【Ctrl + V】，将刚刚复制的安装包粘贴到手机存储器中，如图 2-18 所示。

> 提示：并不是所有的手机都有 SD 卡存储器，有一些手机只有内存设备。

图 2-15   图 2-16

图 2-17   图 2-18

使用手机进行下载

打开手机的浏览器，在地址栏中输入"weixin.qq.com"，如图 2-19 所示，进入微信官方网站，如图 2-20 所示。

图 2-19   图 2-20

点击页面中的"免费下载"按钮，弹出"文件下载"对话框，点击"下载"按钮即可让手机自动开始下载匹配的安装包，如图 2-21 所示。滑出手机的选项栏，可以看到微信安装包的下载进度，如图 2-22 所示。

图 2-21

图 2-22

2.2.3　进行安装

　　下载完微信安装包后，手机的存储器中会出现一个 APK 格式的文件，使用该文件就可以进行微信的安装了，下面向大家介绍微信的安装过程。

　　01. 打开手机的主菜单，在其中找到"文件管理"图标，如图 2-23 所示。点击打开"文件管理"程序，在其中选择"SD 卡"选项卡，如图 2-24 所示。

图 2-23

图 2-24

02. 在"SD卡"选项卡中找到存放的微信安装包,如图2-25所示。点击微信安装包,就可以进入微信的安装界面,如图2-26所示。

图 2-25

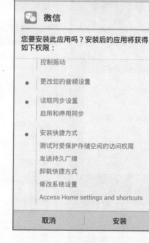

图 2-26

03. 点击"安装"按钮,即可进行微信的安装,如图2-27所示。稍等片刻,微信安装完成后,用户可以点击"完成"或"打开"按钮结束微信的安装过程,如图2-28所示。

图 2-27

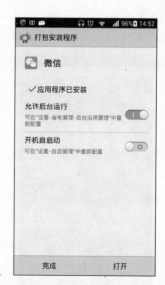

图 2-28

2.2.4　其他的安装方法

除了可以使用上面的方法安装微信外，用户还可以使用手机管理软件安装微信，例如豌豆荚、91 手机助手、安豆苗、360 手机助手和应用宝，如图 2-29 所示。

图 2-29

下面以"360 手机助手"为模板向用户演示使用手机管理软件安装微信的全部过程。

> 提示：手机管理软件的安装流程基本上是相同的，所以"360 手机助手"的使用方法也可以套用到其他的手机管理软件上。

01．在计算机中下载一个"360 手机助手"软件，并将其打开，如图 2-30 所示。然后使用手机的 USB 数据线或者无线 Wi-Fi 将手机和计算机连接起来，效果如图 2-31 所示。

图 2-30　　　　　　　　　　　　　　　　图 2-31

02．在软件界面中选择"找软件"选项，如图 2-32 所示。在搜索栏中输入"微信"并单击"搜索"按钮，如图 2-33 所示。

03．搜索出微信软件后，单击微信图标下方的"一键安装"按钮，如图 2-34 所示。将鼠标指针移动到"任务中心"图标上单击，弹出"下载管理"对话框，可以看到微信的下载进度和安装情况，如图 2-35 所示。

图 2-32

图 2-33

图 2-34

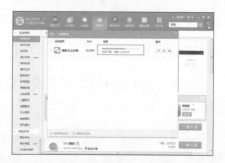

图 2-35

2.3 让我们拥有自己的微信账号

安装完成后，并不能直接使用微信，用户还需要经过一个必需的过程，那就是注册和登录微信。

> 提示：在注册和登录微信之前，用户需要确保手机已经处于连网状态。

注册微信的方法非常简单，用户可以使用 QQ 号和手机号码进行注册。注册的目的就是为了得到一个微信账号，账号必须是 6 位或 6 位以上以字母开头的字符串，例如 pengyou123。

在进行注册之前，用户首先要打开微信，在手机的菜单中找到微信图标，点击将其打开，如图 2-36 所示。进入微信软件后，微信会自动弹出提示对话框，询问是否要创建快捷方式，点击"确定"按钮，如图 2-37 所示。

使用手机号码进行注册

进入微信后，点击"注册"按钮，如图 2-38 所示。在进入的"填写手机号"界面中输入使用的昵称、输入目前正在使用的手机号码和登录密码等信息，如图 2-39 所示，点击"注册"按钮。

图 2-36

图 2-37

图 2-38

图 2-39

　　在弹出的提示"确认手机号码"对话框中点击"确定"按钮，如图 2-40 所示。此时自动切换到"验证手机号"界面，如图 2-41 所示。

　　验证手机号完成后自动切换到"填写验证码"界面，如图 2-42 所示。稍等片刻后，手机将会收到腾讯科技发送的验证码，如图 2-43 所示。将收到的验证码输入到"填写验证码"界面中的文本框内，如图 2-44 所示。

图 2-40

图 2-41

图 2-42

图 2-43

图 2-44

　　输入完成后界面自动转到"找朋友"界面，微信推荐用户点击"好"按钮，加载用户手机通讯录中的微信用户，如图 2-45 所示。这样就完成了微信的注册，并进入微信的主界面，此时微信团队会自动发来一条欢迎信息，并且加载用户手机通讯录中的微信用户，如图 2-46 所示。

　　使用手机号码注册时，不仅可以加载用户手机通讯录中的微信用户，还可以绑定 QQ 查找更多的微信用户，如图 2-47 所示。

图 2-45

图 2-46

选择"绑定 QQ 号，找到更多好友"后弹出"绑定 QQ"界面，如图 2-48 所示。

图 2-47

图 2-48

输入 QQ 号码和密码后点击"绑定"按钮，如图 2-49 所示。点击"绑定"按钮后，微信会自动查看 QQ 好友，如图 2-50 所示。

图 2-49 图 2-50

2.4 关于微信网页版

　　网页微信客户端是腾讯推出的微信网页版，如图 2-51 所示。使用微信网页版可以让用户像登录 QQ 一样登录微信。微信网页版支持使用计算机键盘快速输入和收到新消息时即时提示并且支持发送文件功能。

图 2-51

微信网页版的特点如下。

- 畅快聊天：微信网页版支持使用计算机键盘快速输入文字以及在收到新消息时即时提示。
- 无线传输：微信网页版可以在不需要数据线的情况下使计算机与手机快速地传输文件。

提示：关于微信网页版的具体操作将在本书第 3 章的 3.8 节中进行详细介绍。

第3章

让自己的微信
与众不同

　　要想玩转微信，还需要一个独特、
个性化的个人微信信息，让自己的微信
与他人不同。 那么怎样能与众不同呢?
本章就来学习。

3.1　先了解一下微信的界面 ....

在设置微信之前，我们首先来了解一下微信的界面。在6.1版本中微信的4个界面有共同的部分，4个界面无论怎么切换，最顶端的"添加"按钮和"搜索"按钮会一直存在。用户可以注意观察一下。

打开微信后，出现如图3-1所示的界面，其中包含选择好友选项、搜索好友选项、通话信息栏和功能选项栏，此界面是微信软件的主界面，通过该界面，用户可以搜索好友和查看聊天记录等。

图3-1

3.1.1　"微信"界面

"微信"界面就是在打开微信后所处的界面，也就是微信的主界面，该界面中列出了一些微信的常用功能。在微信6.0版本中，此界面新增了小视频功能。由于是小视频，因此拍摄的时间只有6秒。下面介绍小视频功能的操作步骤。

01. 打开"微信"界面，将"微信"界面向下拉，如图3-2所示，会看到如图3-3所示的界面。

图 3-2 图 3-3

02. 按住"按住拍"按钮，界面开始录制视频，在录制的过程中会出现提示语，如图 3-4 所示。

图 3-4

03. 拍摄在 6 秒后结束，跳转到如图 3-5 所示的界面。用户可以将拍好的视频发到朋友圈、好友或者保存给自己。

微信的小视频功能非常简洁，没有任何设置选项，只有"按住拍"按钮用于拍摄。另外，微信小视频不能选取手机中已有的视频，也不能将好友的小视频保存到手机中，而且朋友圈中的小视频不能转发。

图 3-5

以目前微信小视频的产品形态来看，微信小视频的产品定位与微视、美拍和秒拍完全不同。目前，微信小视频只是一个在微信中用于拍摄视频的工具。相比于微视、美拍和秒拍需要自建社交体系，微信小视频从一开始就有微信这一现成的社交体系可以利用，因此微信小视频完全不需要通过滤镜等附加功能让用户创造有趣的内容来吸引新用户的加入，从而构建起社交体系，摆脱了构建社交体系的负担，使得微信小视频的功能非常简单。

3.1.2 "通讯录"界面

点击"微信"界面下方的"通讯录"按钮，即可进入"通讯录"界面，既然是"通讯录"，简单地理解，该界面的主要功能就是用于显示自己的好友。

在该界面中，用户可以进行好友的添加和选择等操作，"通讯录"会将用户中所有的微信好友按照昵称的汉语拼音的首字母进行顺序排列，并显示好友的头像和名称，如图 3-6 所示。

3.1.3 "发现"界面

点击"微信"界面下方的"发现"按钮，可以进入"发现"界面，如图 3-7所示。该界面中包括朋友圈、扫一扫、摇一摇、附近的人、漂流瓶、购物和游戏 7项功能。

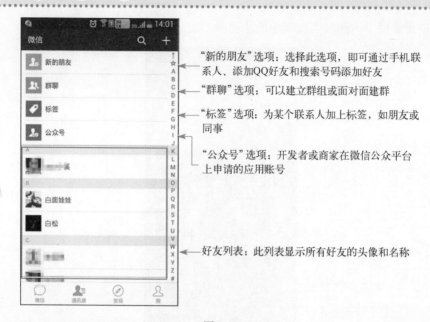

"新的朋友"选项：选择此选项，即可通过手机联系人、添加QQ好友和搜索号码添加好友

"群聊"选项：可以建立群组或面对面建群

"标签"选项：为某个联系人加上标签，如朋友或同事

"公众号"选项：开发者或商家在微信公众平台上申请的应用账号

好友列表：此列表显示所有好友的头像和名称

图 3-6

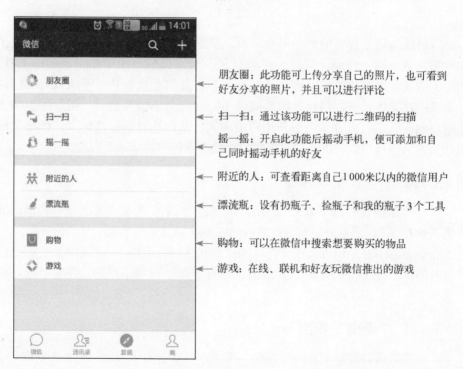

朋友圈：此功能可上传分享自己的照片，也可看到好友分享的照片，并且可以进行评论

扫一扫：通过该功能可以进行二维码的扫描

摇一摇：开启此功能后摇动手机，便可添加和自己同时摇动手机的好友

附近的人：可查看距离自己1000米以内的微信用户

漂流瓶：设有扔瓶子、捡瓶子和我的瓶子3个工具

购物：可以在微信中搜索想要购买的物品

游戏：在线、联机和好友玩微信推出的游戏

图 3-7

提示："游戏中心"若是推出了最新的游戏，会及时通知用户。

3.1.4　"我"界面

点击"微信"界面下方的"我"按钮即可进入该功能界面。此界面提供了个人信息、相册、收藏、钱包、卡包和设置 6 个选项，如图 3-8 所示。

我的信息：设置个人信息

相册：记录用户上传的照片

收藏：可随时浏览收藏的图片和文字

钱包：绑定卡号，可开通微信支付功能

卡包：管理线下店铺获得优惠券、会员卡和电影票等

设置：设置微信软件的辅助信息，例如隐私设置和流量统计等

图 3-8

提示：点击"卡包"进入界面，选择"添加银行卡"，输入需要绑定的卡号，点击"下一步"完成绑定，经常网购的朋友使用此功能会更加方便。

在 iPhone 版微信的"我"界面中还会有"表情商店"选项，"表情商店"是指付费可下载多种动态表情。Andrioid 系统的微信"表情商店"位于表情选择界面中。

3.2　做与众不同的自己

微信的用户众多，要想在众多用户中脱颖而出，给别人留下深刻的印象，我们必须为自己设置一个好的昵称、头像和签名等。设置这些基本信息也可以起到很好的自我介绍作用，下面详细了解如何设置个人信息。

3.2.1 拥有一个吸引人的头像

在了解头像如何设置之前，我们要清楚设置头像的作用是什么，是象征？心情？还是表现个性？吸引注意？这些都是设置头像的原因。大多数人设置头像的目的只有一个，那就是吸引别人的注意，这也是头像最本质、最普遍的作用。

设置微信头像有两种方法，用户可以直接使用手机拍照设置头像，也可以从手机存储的照片中选取。下面先从手机拍照进行介绍，其步骤如下。

01. 打开"我"界面，点击界面中最上方的文本框，进入"个人信息"界面，如图 3-9 所示。

02. 点击"头像"，会出现"拍照"、"从手机相册选择"和"取消"3 个选项，如图 3-10 所示。

03. 点击"拍照"，即可启动手机的摄像头，用户只需要对准需要的画面进行拍摄即可，如图 3-11 所示。

图 3-9

图 3-10

图 3-11

04. 完成拍照。若不满意，点击"重拍"按钮可以重拍，长按图片可上下左右拖动完成图片的裁剪，如图 3-12 所示。

05. 点击下方的"使用照片"按钮，此时界面中显示上传头像，如图 3-13 所示。稍等片刻，完成图像的上传后，即可发现个人信息中显示的头像更换为新上传的头像。

图片调整界面

图 3-12

图 3-13

3.2.2 拥有个性化的名字

微信名字是用户在微信中的一个代号，因为我们总不能让别人在和我们聊天的时候称呼我们为"那个谁"吧？取什么名字无关紧要，只要自己喜欢就可以了，在第 2 章讲解注册微信时就设置过昵称了，这里讲解更改昵称。

如果用户长时间使用一个昵称可能会想换一个新的昵称，用户不仅可以将名字设置为比较个性的昵称，也可以将昵称设置为自己现实中的真实名字。下面来了解一下更改微信名字的步骤。

01. 打开"我"界面，点击最上方的文本框，进入"个人信息"界面，点击"昵称"，如图 3-14 所示。

02. 在弹出的文本框中输入自己的微信名，然后点击"保存"按钮，如图 3-15 所示。

> 提示：好名字可以让你的朋友更容易记住你！

3.2.3 拥有自己的唯一标识

微信账号和昵称不同，账号具有唯一性。也就是说，别人使用过的我们将无法使用。每个用户都有属于自己的唯一的微信账号，我们可以通过微信账号登录微信，也可以通过微信账号添加好友。下面我们来了解一下设置微信账号的步骤。

图 3-14

图 3-15

　　01. 打开"我"界面，点击最上方的文本框，进入"个人信息"界面，点击"微信号"，如图 3-16 所示。

　　02. 进入"设置微信号"界面，在文本框中输入自己的微信号，微信号仅支持 6~20 个字母、数字、下划线或减号，以字母开头，如图 3-17 所示。

图 3-16

图 3-17

　　03. 点击"保存"按钮，界面中会弹出提示对话框，点击"确定"按钮完成，如图 3-18 所示。如果输入的微信号已经被使用过了，微信会自动弹

出"设置失败"对话框，提示用户该账号已经被使用或不可用，如图 3-19
所示。

图 3-18

图 3-19

提示：在注册微信账号时，最初是没有设置微信号的，需要用户自己注册，微信号只能设置一次，并且设置之后不能更改。

3.2.4 性别的设置

设置性别是必须要做的事情，因为在聊天前要让对方知道我们的性别。设置"性别"的步骤如下：

01. 打开"我"界面，点击最上方的文本框，进入"个人信息"界面，点击"性别"，如图 3-20 所示。

02. 选择"男"或"女"选项后会出现☑标志，如图 3-21 所示。

3.2.5 周围的陌生人如何找到我

设置地区信息可以让我们更容易地找到朋友，例如同乡会。设置地区的步骤如下：

01. 打开"我"界面，点击最上方的文本框，进入"个人信息"界面，点击"地区"，如图 3-22 所示。

02. 在弹出的"选择地区"界面中选择用户所在的地区，例如"中国 > 北京 > 昌平"，如图 3-23 所示。

图 3-20　　　　　　　　图 3-21　　　　　　　　图 3-22

图 3-23

3.2.6　个性签名的设置

在微信中设置一个好的个性签名相当吸引人，例如其他用户使用"附近的人"等功能时，个性签名的内容都是显示在自己的个人信息中的。

个性签名可以让别人更深入地了解自己的个性和特点，同时个性签名也是各大商家用来宣传产品的一个非常便捷的窗口，商家可以在此加入商品信息等内容，让自己的客户更加了解自己的商品，也可以让陌生人认识自己的产品，从而加大了对产品的宣传力度。设置"个性签名"的步骤如下：

01. 打开"我"界面，点击最上方的文本框，进入"个人信息"界面，点击"个性签名"，如图 3-24 所示。

02. 在"个性签名"界面的文本框中输入自己的签名，点击"保存"按钮，完成设置，如图 3-25 所示。

图 3-24　　　　　　　　　　　　　　图 3-25

提示：微信的个性签名最多只能输入 30 个汉字。

3.3　来新消息时提醒我

设置新消息提醒就像我们设置手机的来电铃声一样，当微信好友发来信息时，我们听到提示音后就能够及时地查看信息并且进行回复。

打开"设置"界面，选择"新消息提醒"，进入相应界面。"新消息提醒"界面中一共有接收新消息通知、通知显示消息详情、声音、新消息提示音、振动和朋友圈照片更新 6 个选项，如图 3-26 所示，下面对这 6 个选项做详细介绍。

● 接收新消息通知：此选项是新消息提醒的开关。开启后，微信收到新消息时会有声音或者振动作为提示；关闭后，来新消息时微信将不做声音或者震动的提示，后面的声音和振动也将不可用，如图 3-27 所示。

图 3-26

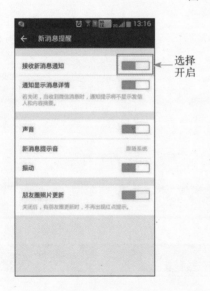

选择
开启

选择
关闭

图 3-27

- 通知显示消息详情：当收到微信消息时，通知提示显示发信人和内容摘要，关闭后将不会提示。
- 声音：此选项是软件处在非聊天界面或者只是在后台运行时收到新信息是否做出声音提示的开关，若关闭此选项，来新信息时不会有声音提示，所以下方的"新消息提示音"也不再可用，如图 3-28 所示。
- 新消息提示音：此选项用于选择来新信息时的提示声音，用户可以选用默认的"跟随系统"，也可以根据个人喜好选择其他的提示音，选好后点击

"保存"按钮即可保存,如图3-29所示。

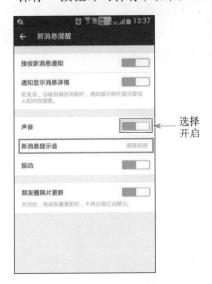

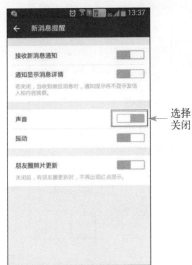

图 3-28

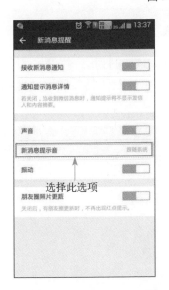

图 3-29

- 振动:此选项是软件处在聊天界面时收到新信息是否振动手机的开关,若 关闭,来新信息时手机将不会振动。
- 朋友圈照片更新:此选项是朋友圈照片更新是否通知的开关,开启通知 后,主界面下方的"发现"按钮的右上角会出现红点进行提醒,关闭后 朋友圈有照片更新时红点不会出现,如图3-30所示。

图 3-30

3.4 休息时段请勿打扰

为了避免功能性信息（公众信息）对用户的打扰，打开"设置"界面，选择"勿扰模式"，进入界面，如图 3-31 所示。默认是关闭该功能的，用户可根据个人习惯进行设置。

图 3-31

开启勿扰模式后用户可以设置一个时间段，如图 3-32 所示。在设置的时间段中，如果来新信息，将不做任何提醒，但如果不在这个时间段，来新信息时手机会立刻发出提醒，如图 3-33 所示。

图 3-32　　　　　　　　　　　　　　　　图 3-33

3.5　时尚聊天

在使用微信聊天时，用户可以采用多种聊天形式，还可以设置聊天背景。打开"设置"界面，选择"聊天"，进入相应界面。"聊天"界面中一共有使用听筒播放语音、回车键发送消息、聊天背景、表情管理、聊天记录备份和恢复、清空聊天记录 6 个选项，如图 3-34 所示，下面对这 6 个选项做详细介绍。

- 使用听筒播放语音：此选项在微信软件中默认不开启，此时微信聊天的语音信息在没有插手机耳机时通过手机的扬声器播放。如果开启该选项，在没有插入耳机的情况下，语音信息通过手机的听筒播放。
- 回车键发送消息：用户可根据自己的习惯对该选项进行设置，开启此选项后，在与好友发送聊天信息时，可直接点击手机上的回车键发送信息。
- 聊天背景：用户可以使用此功能将聊天界面的背景更换为自己手机上存储的图片，使自己的微信聊天界面看上去更加与众不同。

打开"聊天背景"界面，我们可以看到 4 个选项，分别为选择背景图、从相册中选择、拍一张和将选择的背景图应用到所有聊天场景，如图 3-35

所示。

图 3-34

图 3-35

➤ 选择背景图：选择该选项，界面中会显示微信系统默认的背景图，选择自己喜欢的一张，即可使之成为聊天背景图，如图 3-36 所示。

➤ 从相册中选择：选择该选项，界面将会跳转到"相册"功能界面，找到自己喜欢的图片，点击"使用"按钮，即可完成设置，如图 3-37 所示。

图 3-36

"使用"按钮

图 3-37

➢ 拍一张：选择该选项，在弹出的对话框中选择要应用的相机，然后进行拍照即可，如图 3-38 所示。

➢ 将选择的背景图应用到所有聊天场景：选择该选项，在弹出的对话框中点击"确定"按钮，背景将应用到所有聊天场景，如图 3-39 所示。

图 3-38

图 3-39

- 表情管理：选择"表情管理"选项，进入到"我的表情"界面，在该界面中可以下载一些表情到聊天面板的表情中，如图 3-40 所示。
- 聊天记录备份和恢复：选择"聊天记录备份和恢复"选项，进入到"聊天记录备份和恢复"界面，点击"开始备份"按钮，该功能可以将聊天记录上传到云端，在另一台设备上登录微信并下载，聊天记录可保存 7天，如图 3-41 所示。

图 3-40

图 3-41

点击"开始恢复"按钮，可以下载聊天记录，如图 3-42 所示。

聊天记录备份和恢复不仅可以在手机上操作，还可以在计算机上操作，在"聊天记录备份和恢复"界面上还有"通过电脑备份/恢复聊天记录"选项，点击此选项将进入到"通过电脑备份/恢复聊天记录"界面，如图 3-43 所示。

● 清空聊天记录：点击此选项，在弹出的对话框中点击"清空"按钮，将清空所有个人和群的聊天记录，如图 3-44 所示。

图 3-42

  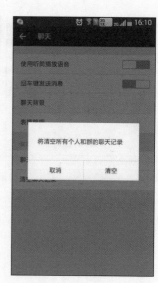

图 3-43   图 3-44

3.6 保持一些神秘感

　　微信强大的交友功能让大家的社交圈呈几何级扩大，真正实现了线上和线下社交的结合，但也有用户对自己的隐私有所担忧，微信特有的隐私设置从根本上解决了大家的顾虑，下面来了解如何设置自己的隐私。

在微信主界面中点击"我 > 设置 > 隐私",打开"隐私"界面,如图 3-45 所示。

图 3-45

"隐私"界面中一共有加我为好友时需要验证、向我推荐 QQ 好友、向我推荐通讯录朋友、通讯录黑名单、通过微信号搜索到我、通过手机号搜索到我、通过 QQ 号搜索到我、不让他(她)看我的朋友圈、不看他(她)的朋友圈、朋友圈分组和允许陌生人查看十张照片 11 个选项,用户可以根据个人需要进行选择,下面对它们分别进行介绍。

- 加我为朋友时需要验证:开启后,陌生人加自己为好友时,需要通过自己的验证才能让对方成为自己的好友,建议用户开启此选项,以防止恶意添加好友等不必要的麻烦。
- 向我推荐 QQ 好友:开启该选项后,用户使用的 QQ 聊天软件的好友注册微信后,系统会自动通知用户,用户便可添加其为微信好友。
- 向我推荐通讯录朋友:用户开启该选项后,用户通讯录里的好友注册微信账号后,系统会自动通知用户,此功能需要用户在微信软件里绑定手机号。
- 通讯录黑名单:用户可以将好友列表中一些自己并不喜欢,或者经常打扰用户的好友加入通讯录黑名单里,添加至此后,用户就永远收不到黑名单内好友发的消息了。将好友加入黑名单的操作步骤如下:

01. 从微信主界面中选择"通讯录",找到要加入黑名单的联系人,打开该联系人的详细资料,如图 3-46 所示。

图 3-46

02. 在"详细资料"界面的右上角点击"扩展功能"按钮，在弹出的下拉菜单中选择"加入黑名单"选项，在弹出的对话框中点击"确定"按钮，设置完成，如图 3-47 所示。

图 3-47

- 通过微信号搜索到我：开启该选项后，其他人如果知道用户的微信号，便可通过搜索微信号添加用户为微信好友。
- 通过手机号搜索到我：用户开启该选项后，其他人如果知道用户的手机号，则可以通过手机号搜索到用户的微信号，此功能需要用户在微信软件里绑定手机号。

- 通过QQ号搜索到我：用户开启该选项后，其他人如果知道用户的QQ号，便可以通过QQ号码搜索到用户的微信号。
- 不让他（她）看我的朋友圈：设置好友权限，用户的动态和资料不会被设置权限的好友看到。设置"不让他（她）看我的朋友圈"权限的步骤如下：

01. 打开"隐私"界面，选择"不让他（她）看我的朋友圈"选项，如图3-48所示，进入到"朋友圈黑名单"界面，如图3-49所示。

图3-48

图3-49

02. 点击"＋"按钮，进入到"选择联系人"界面，选择加入黑名单的好友，如图3-50所示，然后点击"完成"按钮，如图3-51所示。

图3-50

图3-51

● 不看他（她）的朋友圈：设置好友权限，用户不会看到该好友朋友圈的动态和资料。设置"不看他（她）的朋友圈"权限与设置"不让他（她）看我的朋友圈"的功能正好相反，步骤如下：

01. 打开"隐私"界面，选择"不看他（她）的朋友圈"选项，如图 3-52 所示，进入到"不看他的照片"界面，如图 3-53 所示。

图 3-52

图 3-53

02. 点击" + >选择联系人>确定>完成"，然后点击" - "按钮，即可将好友移除，如图 3-54 所示。

图 3-54

● 朋友圈分组：在朋友圈中发布时，可指定部分分组的朋友可见。创建朋友
圈分组的步骤如下：

01. 打开"隐私"界面，选择"朋友圈分组"选项，如图 3-55 所示，进入
到"朋友圈分组"界面，如图 3-56 所示。

图 3-55　　　　　　　　　　　　　图 3-56

02. 选择"新建分组"选项，进入到"添加参与人"界面，选择要添加的
联系人，如图 3-57 所示。然后点击"确定"按钮，设置分组名称，如图 3-58
所示。

图 3-57　　　　　　　　　　　　　图 3-58

● 允许陌生人查看十张照片：启用该选项，陌生人可以看到用户上传至朋友圈的十张照片；若关闭此选项，陌生人一张也看不到。

3.7 微信软件的通用设置

通用设置主要包括微信网页版、多语言、字体大小等软件使用方面的设置，是用户在使用微信时经常要用到的个性化设置。

在微信主界面中选择"我 > 设置 > 通用"，进入相应界面，如图 3-59 所示。

图 3-59

通用设置中包括多语言、字体大小、功能和流量统计等方面的设置，下面对这些设置进行介绍。

● 多语言：微信软件支持 20 种语言，用户可以根据自己的需要进行设置。设置语言的方法如下：

01. 打开"通用"界面，选择"多语言"，如图 3-60 所示。

02. 在弹出的语言列表中选择自己需要的语言，然后点击"保存"按钮即可，如图 3-61 所示。

● 字体大小：微信提供了 5 种大小的聊天字体，分别是小、标准、大、超大和特大，用户可根据个人情况选择字体的大小。"字体大小"的设置方法如下：

打开"通用"界面，选择"字体大小"，进入相应界面选择字体，最后点击"保存"按钮完成设置，如图 3-62 所示。

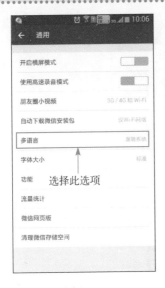

图 3-60

图 3-61

图 3-62

- 功能：打开"功能"界面，我们可以看到 QQ 离线助手、漂流瓶和附近的人等 15 个功能选项，用户可以启用这些功能，启用后会更加方便和微博、QQ 等聊天软件里的好友联系，如图 3-63 所示。

如果觉得启用一些功能会对用户产生困扰，可直接选择此功能项，在显示的功能设置界面中点击"停用"按钮，界面会自动返回到"功能"界面，我们可以看到"未启用的功能"框内出现了停用功能项的名称，如图 3-64 所示。

图 3-63

图 3-64

- 流量统计：使用微信会一直连接手机网络，但只会消耗很少的流量，微信软件推出的"流量统计"功能可以使用户随时随地了解自己使用的流量情况。打开"通用"界面，选择"流量统计"选项，我们便可清楚地看到"移动网络消耗的流量"和"无线局域网消耗的流量"累计产生的总数，如图 3-65 所示。

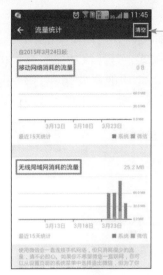

点击此按钮

图 3-65

点击"流量统计"界面右上方的"清空"按钮，"移动网络消耗的流量"和"无线局域网消耗的流量"都会清除为 0 MB，系统会从清空之日起重新统计流量，如图 3-66 所示。

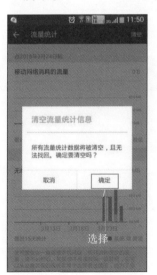

图 3-66

提示：微信在同类软件中最省流量，30 MB 流量可以发送几千条语音信息。

● 其他通用设置：通用设置里还有其他的选项前面没有提到，它们分别是开启横屏模式、使用高速录音模式、朋友圈小视频、自动下载微信安装包和清理微信存储空间，下面简要说明。

➤ 开启横屏模式：打开该功能后当手机横向时微信软件会自动调整界面变为横屏，此功能需要用户打开手机系统的自动旋转屏幕功能，如图3-67所示。横屏效果如图3-68所示。

图 3-67

图 3-68

➤ 使用高速录音模式：该选项是为了节省流量而设计的，当然也可以提高微信对讲机等语音功能的响应速度，微信默认开启该开关，建议用户打开该开关以节省流量，如图3-69所示。

➤ 朋友圈小视频：该选项是为播放小视频设置的，也是为节省流量设计的，用户可以设置在两种情况下播放视频或者关闭播放视频选项，如图 3-70 所示。

图 3-69　　　　　　　　　　　　　　　　图 3-70

> 自动下载微信安装包：微信默认会自动下载更新的安装包，用户可以根据自己的情况选择下载的方式或者关闭此功能，如图 3-71 所示。

图 3-71

> 清理微信存储空间：微信用久了会产生大量的缓存垃圾数据，这可能导致手机的运行缓慢，微信为此提供了一个清理存储空间的功能，如图 3-72所示。

选择此选项

图 3-72

3.8 使用微信网页版

在浏览器中输入"wx. qq. com",用微信扫描网页上的二维码即可登录微信网页版,除了聊天之外,微信网页版的功能还包括手机和计算机之间的文件传输,用户可以将手机视频、图片通过微信网页版下载到计算机本地硬盘。登录微信网页版的步骤如下:

01. 进入"通用"界面,选择"登录网页版",如图3-73所示。

02. 打开计算机中的浏览器,在地址栏中输入"wx. qq. com",进入网页微信版的主页面,如图3-74所示。

图 3-73   图 3-74

03. 点击"开始扫描"按钮，将手机摄像头对准网页中的二维码进行扫描，扫描结束后需要在手机界面确认登录，如图 3-75 所示。点击"登录网页版微信"按钮即可登录微信网页版，如图 3-76 所示。

图 3-75

图 3-76

04. 成功登录到微信网页版中后，用户同样可以在计算机上与微信好友聊天，如图 3-77 所示。同时手机微信的主界面中会显示"网页微信已登录"的字样，如图 3-78 所示。

图 3-77

图 3-78

第4章

通过微信
结交新朋友

微信是一种即时通讯工具，拥有强大的交友功能，用户可以通过微信与好友建立类似于短信、彩信等方式的联系。因此，微信不存在距离的限制，即使是在国外的好友，也可以使用微信联系。我们使用微信的目的就是结交更多的朋友，建立自己的人际关系网，扩大朋友圈。

4.1 快速为自己的微信导入联系人

第一次注册并登录微信后，用户可以看到通讯录里只有自己和"微信团队"，看到空空的通讯录是不是觉得很没趣呢？不用急，下面利用"快速导入"功能来导入微信好友。

4.1.1 导入手机通讯录中玩微信的朋友

大家都知道微信有很强大的交友功能，不仅可以认识很多新朋友，还可以和之前的朋友联系，但怎样联系老朋友呢？下面介绍导入手机联系人的方法。

01. 在微信的任意一个界面中点击右上方的"＋"按钮（这里用的是通讯录界面）就会弹出选项列表，在列表中选择"添加朋友"选项，如图4-1所示，进入到"添加朋友"界面，如图4-2所示。

图4-1

图4-2

02. 选择"QQ/手机联系人"选项，进入如图4-3所示的界面。选择"添加手机联系人"选项，进入"查看手机通讯录"界面，选择想要添加的好友，进入该好友的"详细资料"界面，如图4-4所示。

> 提示：如果用户是用手机号直接注册微信，在注册时微信会访问用户的通讯录，仅使用特征码用户匹配识别添加好友。

选择此选项

图 4-3   图 4-4

03. 点击"添加到通讯录"按钮，界面中会弹出验证申请，在文本框内输入验证语句，还可以设置朋友圈权限，设置完成后点击"发送"按钮发送验证信息，如图 4-5 所示。通过验证后，双方即可成为好友。

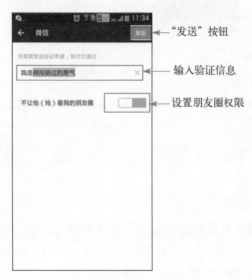

"发送"按钮

输入验证信息

设置朋友圈权限

图 4-5

提示：使用这种方法不仅可以添加手机联系人，还可以添加 QQ 联系人。

4.1.2 · 导入玩微信的 QQ 好友

微信在刚发布的时候可以说是"QQ 的兄弟",因此微信不仅可以导入手机通讯录里的好友,还可以导入 QQ 好友。导入 QQ 好友的步骤和上面导入手机通讯录好友的步骤是相同的。下面介绍另一种添加 QQ 好友的方法。

01. 登录微信后,进入到"通讯录"界面,选择"新的朋友"选项,如图 4-6 所示。进入到"新的朋友"界面,选择"添加 QQ 好友"选项,如图 4-7 所示。

图 4-6　　　　　　　图 4-7

02. 微信会自动导入用户 QQ 列表,界面如图 4-8 所示。选择要添加的分组好友选项,进入"查看 QQ 好友"界面,然后选择想要添加的好友,进入该好友的"详细资料"界面,如图 4-9 所示。

图 4-8　　　　　　　　　图 4-9

03. 点击"添加到通讯录"按钮，界面中会弹出验证申请，在文本框内输入验证语句，还可以设置朋友圈权限，设置完成后点击"发送"按钮发送验证信息，如图4-10所示。通过验证后，双方即可成为好友。

图4-10

4.2 微信"扫一扫"扫出新世界

随着微信版本的更新，微信"扫一扫"也有很大的改变。"扫一扫"功能不仅可以扫描条码、二维码，还可以扫文字、翻译、图书封面、CD封面、宠物狗和明星脸等。"扫一扫"功能的出现和流行改变了电子商务模式，并且二维码搜索的流行可能会改变未来搜索的模式，微信未来的想象空间是无穷的。在微信推出"扫一扫"功能后，二维码很快便成为商家营销和网络支付的新工具，也许在不久的将来还会成为时代的标志。

4.2.1 生成自己独特的二维码名片

微信二维码名片就是传统名片和二维码相结合，名片上包含了用户的微信名字、地区和个性签名等信息。微信二维码名片是含有特定数据内容，只能被微信软件扫描和解读的二维码。用户可以通过设置二维码名片建立一个属于自己的商业圈、人脉圈和关系群。

微信个人用户生成二维码名片的步骤如下：

01. 从微信主界面切换到"我"界面，选择最上方的文本框，进入"个人信息"界面，如图4-11所示。

图 4-11

02. 选择"二维码名片"选项，此时软件会自动生成一张二维码名片，点击屏幕右上角的"扩展"按钮，如图 4-12 所示。此时会弹出一个列表框，可以选择分享二维码、换个样式、保存到手机或扫描二维码选项，如图 4-13 所示。

图 4-12　　　　　　　　　　　　　图 4-13

03. 如果用户不喜欢软件生成的二维码，还可以选择"换个样式"选项。此时软件会重新生成一张新的二维码，用户可以根据自己的喜好选择不同风格的二维码，如图 4-14 所示。

图 4-14

04. 点击"二维码名片"界面中的"扩展"按钮，在弹出的列表框内选择"保存到手机"选项，界面中将会显示"图片已保存至/storage/sxtSdCard/tencent/MicroMsg/WeiXin/文件夹"，如图 4-15 所示。用户可以在该文件夹内找到自己的二维码。

05. 点击"二维码名片"界面中的"扩展"按钮，在弹出的列表框内选择"分享二维码"选项，之后可以选择将刚刚生成的二维码分享到 QQ 空间，如图 4-16所示。

图 4-15   图 4-16

4.2.2 尝试扫描二维码添加好友

在4.2.1节中已经生成了自己的二维码名片，接下来为大家介绍通过扫描其他人的二维码添加好友的方法。

01. 用户进入"二维码名片"界面，点击屏幕右上角的"扩展"按钮，然后在弹出的列表框内选择"扫描二维码"选项，如图4-17所示。

02. 打开"二维码/条码"界面，然后将手机的摄像头对准其他用户的二维码，并将二维码图像放入扫描框内，完成扫描后软件会自动加载该用户的详细资料。加载完成后我们可以点击界面中的"添加到通讯录"按钮与该用户进行交流，如图4-18所示。

图 4-17　　　　　　　　　　　　图 4-18

03. 如果扫描的是微信公众账号的二维码，则我们可以点击"关注"按钮添加关注，如图4-19所示。

在微信6.0版本中不仅在"二维码名片"中有"扫一扫"功能，在微信的界面顶部的"添加"按钮显示的列表中和"发现"界面中都有"扫一扫"功能，如图4-20所示。

它们的使用方法和上面讲解的方法是一样的。不同之处是"发现"界面中的"扫一扫"和顶部"＋"按钮显示的列表中的"扫一扫"更方便、快捷。

如果好友将他的二维码直接发送到了我们的手机上，那么我们应该怎么扫描二维码呢？下面就来了解一下。

打开"扫一扫"界面，点击屏幕右上方的"扩展"按钮，此时会弹出一个列表框，选择"从相册选取二维码"选项，将会跳转到"图片"界面，选择一张好友的二维码图片，界面就会自动进行扫描，扫描完成后即可添加好友，如图 4-21 所示。

图 4-19

图 4-20

"扫一扫"对于二维码和条形码的确很简单，除了街景扫描以外，只需要很简单的解码技术即可。街景的数据来自腾讯的搜搜，当我们到达一个陌生的街道时，可以用微信的扫一扫街景功能来确定位置。下面介绍微信街景的具体使用方法。

图 4-21

　　打开"二维码/条码"界面，然后选择"街景"功能，用手机扫描身边的街道或建筑，如图 4-22 所示。

图 4-22

　　等待微信连网识别当前街景，随后就会显示具体的街景画面和位置，如图 4-23 所示。旋转移动手机，街景地图也会跟着移动，如图 4-24 所示。

图 4-23   图 4-24

4.3　看看附近有谁在玩微信

　　早在 2011 年 8 月发布的微信 2.3 版本中就已经新增了查看"附近的人"的功能，其具有 GPS 定位功能，用户可以根据自己的地理位置查找到自己附近 1 000 米之内的其他微信用户。此功能不仅可以使个人用户认识更多的好友，而且方便了营销用户宣传产品。使用"附近的人"的步骤如下：

　　01. 从微信主界面切换到"发现"界面，然后选择"附近的人"选项，此时会弹出一个提示框，在提示框中点击"确定"按钮即可，如图 4-25 所示。

图 4-25

02. 点击"确定"按钮后，界面将会以列表的形式显示用户1 000米以内的其他微信用户。在该列表中点击一位用户，便会显示该用户的详细资料，并可以"打招呼"，如图4-26所示。

图4-26

03. 点击"附近的人"界面右上方的"扩展"按钮，可以选择只看女生、只看男生、查看全部、附近打招呼的人和清除位置并退出，如图4-27所示。

图4-27

04. 在使用"附近的人"功能查看附近的人时，正在使用该功能的人也是可以看到你的。如果不想让其他人看到自己，则选择"清除位置并退出"选项即可。

4.4 拿出手机"摇一摇"

"摇一摇"功能是微信 3.0 版本中新增的功能，微信"摇一摇"是微信推出的一个随机交友应用，通过摇手机或点击按钮模拟摇一摇可以匹配到同一时段触发该功能的微信用户，从而增加用户之间的互动。该功能一经推出便成为众多时尚达人的新宠，每天使用"摇一摇"的微信用户量可以达到数亿次，"摇一摇"也成为微信用户的个性行为符号。在微信的不断更新中，"摇一摇"也有着很大的变化。本节将带大家了解微信"摇一摇"的 4 个功能：摇一摇找朋友、摇一摇搜歌、摇一摇传图和摇电视，还有 2015 年春节期间的"摇红包"功能。

4.4.1 摇一摇找朋友

摇一摇找朋友是一款十分方便、快捷的交友工具，用户只需拿起手机摇动便可以搜索到和自己同时摇动手机的其他微信用户。在朋友聚会时，我们不用再互相询问手机号码了，只需一起晃动手机就可以相互添加为好友。下面了解一下使用摇一摇找朋友的步骤。

01. 登录微信，切换到"发现"界面，然后选择"摇一摇"选项，即可进入到"摇一摇"界面，如图 4-28 所示。

图 4-28

02. 进入该界面，拿起手机并晃动，手机会发出"咔咔"的声音，并会显示"正在搜寻同一时刻摇晃手机的人"，搜寻完成后界面下方会显示搜到的好友，如图 4-29 所示。

03. 选择刚刚摇到的用户，可以查看该用户的详细资料，并且可以"打招呼"，如图 4-30 所示。

图 4-29　　　　　　　　　　　　　　　　图 4-30

04. 点击"摇一摇"界面右上方的"设置"按钮，可以查看"打招呼的人"，如图 4-31 所示，还可以查看"摇到的历史"记录，如图 4-32 所示。

图 4-31

图 4-32

4.4.2 摇一摇搜歌

当我们在大街上听到一首好听的歌曲时，会不会很想知道这首歌曲叫什么名呢？当然很多软件有识别歌曲的功能，微信也同样推出了该功能。接下来一起来看看微信摇一摇搜歌功能的使用方法。

01. 从"发现"界面中选择"摇一摇"选项，打开"摇一摇"界面，点击界面最下面的"歌曲"按钮，开启摇一摇搜歌功能，如图 4-33 所示。

图 4-33

02. 开启搜歌功能后，开始摇动手机，微信就会通过手机话筒开始识别歌曲，几秒后在微信的界面中就会显示出识别到的歌曲名、歌词以及演唱者等信息，如图4-34所示。

03. 点击右上角的"分享"按钮，可以选择分享到朋友圈、发送给朋友、在QQ音乐中打开或收藏选项，如图4-35所示。

图4-34

图4-35

4.4.3　摇一摇传图

网页上的靓图是否能不用数据线就能传到手机上呢？当然能！在微信5.0版本中推出的摇一摇传图功能就可以满足用户的需求。

给浏览器安装摇一摇传图插件

摇一摇传图插件需先用计算机进入"wx. qq. com/yao"下载插件后才可以使用，目前支持此款插件的浏览器有IE、Safari、Firefox和Sogou等。

这里以IE浏览器为例介绍摇一摇传图的方法。

01. 打开Sogou浏览器，访问"http://wx. qq. com/yao"网址，页面将自动跳转到摇一摇插件安装页面，单击"安装IE插件"按钮，如图4-36所示。

02. 此时会提示下载名为"shake_IE（1.0_zh_CN）. exe"的文件。根据提示单击"运行"按钮，将该文件下载到计算机桌面，如图4-37所示。

03. 下载完成后，在计算机桌面上找到下载的文件，然后双击该文件，在弹出的对话框中单击"下一步"按钮，如图4-38所示。

图 4-36

图 4-37

图 4-38

04. 在弹出的对话框中单击"安装"按钮，如图 4-39 所示。

05. 等待插件安装好，在弹出的对话框中单击"完成"按钮，如图 4-40 所示。

图 4-39

图 4-40

06. 安装完成后，返回到浏览器的摇一摇传图页面，单击浏览器右上方的"扩展"按钮，在其下拉菜单中选择"点亮摇一摇"选项，如图 4-41 所示。

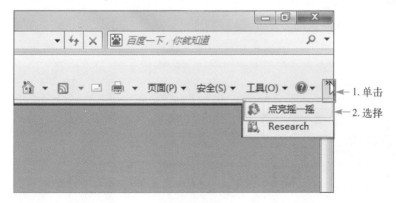

图 4-41

实现摇一摇传图功能

01. 在浏览器页面中找到一张自己喜欢的图片，晃动手机便可将图片传到自己的手机里，如图 4-45 所示。

图 4-45

02. 点击手机中"摇一摇传图"界面右上方的"分享"按钮，会显示让朋友也摇到、发送网址给朋友和访问网页 3 个选项，如图 4-46 所示。

图 4-46

03. 完成传图后，点击"正在使用摇一摇传图"按钮，在弹出的界面中点击"停用"按钮，然后在提示框内点击"确定"按钮即可关闭该功能，如图 4-47 所示。

图 4-47

4.4.4 摇电视

据中国之声《新闻晚高峰》报道，微信团队宣布"摇电视"作为"摇一摇"的常规功能正式对外开放。

2015 年春晚结束后，微信"摇电视"测试功能于大年初一上线。春节期间，用户打开微信"摇电视"摇一摇，就可以摇出与电视节目相关的页面，并参与节目互动。从大年初一开始，北京卫视、湖南卫视和江苏卫视等地方卫视的春晚已经成为"摇电视"的首批使用者。

目前，微信摇一摇已接入 50 多家电视台，有近百个电视节目开展摇电视互动。从互联网到移动互联网，微信正在成为电视屏和手机屏之间的连接点，如图 4-48 所示。

图 4-48

4.4.5　摇红包

在 2015 年 2 月 13 日，微信设置了"微信红包"活动，发放时间是 2 月 12 日至 18 日，在 2 月 12 日晚上，微信就发放了 2 500 万个现金红包。微信 6.1 版的用户能在"摇一摇"选项中看到"红包"提示，只需点击就可进入微信摇一摇红包专场，摇一摇手机就能随机抽取微信红包，如图 4-49 所示。

图 4-49

4.4.6　"摇一摇"的其他设置

以上详细介绍了"摇一摇"的 3 大特色功能，下面简单地了解一下"摇一摇"的其他设置。

打开"摇一摇"界面，点击右上角的"设置"按钮，进入"摇一摇设置"界面。该界面中有使用默认的背景图片、换张背景图片和打招呼的人等选项，如图 4-50 所示。

- 使用默认的背景图片：选择该选项，"摇一摇"界面的背景图片将设为默认图片。
- 换张背景图片：选择该选项，进入到"选择图片"界面，选择一张自己喜欢的图片，点击"使用"按钮，则更换了"摇一摇"界面的背景图片。
- 音效：开启该功能，使用"摇一摇"找朋友，在晃动手机的时候会有"咔咔咔"的声音；关闭后，摇晃时手机会振动。
- 打招呼的人：选择该选项，进入"打招呼的人"界面，此界面中会显示使用"摇一摇"功能向用户打过招呼的所有人，点击右上方的"清空"

图 4-50

按钮即可清空所有记录。

- 摇到的历史：选择该选项，进入"摇到的人"界面，此界面中显示的是用户在使用"摇一摇"功能找朋友时摇出来的所有好友列表。点击右上方的"清空"按钮即可清空所有记录。

4.5 缘分漂流瓶

漂流瓶本来是移植到 QQ 邮箱的一款应用，该应用在计算机上广受人们好评，许多用户喜欢这种和陌生人的简单互动方式。移植到微信后，漂流瓶的功能基本保留了简单、易上手的风格。本章给大家介绍一下漂流瓶的主要功能和玩法。

4.5.1 设置自己的漂流瓶

在玩漂流瓶之前，我们需要对自己的漂流瓶进行头像、性别和地区等个人信息的设置，下面来了解一下如何设置漂流瓶。

01. 在微信的"发现"界面中选择"漂流瓶"选项，进入"漂流瓶"界面，如图 4-51 所示。

02. 点击"漂流瓶"界面右上角的"设置"按钮，在弹出的"设置"界面中点击"设置我的漂流瓶头像"，如图 4-52 所示。

03. 在弹出的选项中点击"拍照"或者"从手机相册选择"进行图片设置，如图 4-53 所示。

图 4-51

图 4-52

04. 点击"拍照"按钮，此时弹出手机的相机功能，然后点击拍照，再对照片进行裁剪，完成后点击"使用照片"按钮即可完成，如图 4-54 所示。

05. 点击"从手机相册选择"按钮，此时弹出的界面为"选择图片"，然后点击自己喜欢的图片，再对图片进行裁剪，然后点击"使用"按钮即可完成。

图 4-53

图 4-54

4.5.2 扔一个瓶子

记得有一天早上醒来，我眼睛还没睁开呢，下意识地找到手机登录微信，扔出一个漂流瓶，然后收到了一个回复的瓶子，打开以后只听一个铿锵有力的男声唱到："啊啊啊啊～～黑猫警长!!!"当时我就从床上蹦起来了！啊！微信！我不怕冬天不想起床了!!! 微信漂流瓶就是这么有意思，它可以让我们和陌生人没有任何距离感地聊天。本节就来详细介绍一下漂流瓶的"扔瓶子"功能。

01. 在"发现"界面中选择"漂流瓶",进入"漂流瓶"界面,然后点击"扔一个"按钮,此时会弹出瓶子的编辑界面,如图4-55所示。

图4-55

02. 长按"按住说话"按钮开始讲话,讲完后释放该按钮,刚刚讲的话就会被装进瓶子里,然后扔向大海,如图4-56所示。

图4-56

03. 用户也可以在瓶子里装入文字信息,点击"键盘"按钮,在弹出的文本框中输入想要说的话,然后点击"扔出去"按钮,将瓶子扔出去,如图4-57所示。

  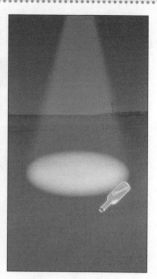

点击扔出去

图 4-57

4.5.3 捡一个瓶子

无聊的时候，我们可以打开微信漂流瓶，点击"捡一个"按钮，看看陌生的人都在做什么。下面来了解如何捡瓶子。

01. 在"漂流瓶"界面中点击"捡一个"按钮，这时大海里会自动开始捞瓶子，捞到瓶子后会在大海的中间出现一个瓶子，如图 4-58 所示。

02. 点击大海里的瓶子即可打开。打开后可以看到瓶子里的内容以及瓶子来自哪里，如图 4-59 所示。

图 4-58   图 4-59

03. 打开瓶子后，用户可以点击"扔回海里"或者"回应"按钮。点击"扔回海里"，可以继续捡其他的瓶子；点击"回应"，会自动跳转到聊天界面，如图4-60所示。

> 提示：微信对用户每天捡瓶子和扔瓶子的数量做了限制，每天每人捡瓶子和扔瓶子的数量都不能超过20个。

图4-60

4.5.4 查看我的瓶子

不论是捡到的瓶子，还是我们自己扔出去后其他用户回复的瓶子，都可以在"漂流瓶"界面的"我的瓶子"中找到，如图4-61所示。在"我的瓶子"中可以查看、回复或者删除这些瓶子。

图4-61

4.6 雷达加朋友

在微信5.2版本中又多了一种添加朋友的方法——微信雷达功能。雷达加朋友是手机通过声波搜索附近3米以内的朋友，如果你的朋友也开启了雷达加朋友，则将会自动添加朋友成功！这是方便面对面朋友互相加好友的方法！一个人是玩不转的！

雷达加朋友适合近距离添加，适合一群人之间的添加。通过雷达加朋友，只需要双方同时按雷达按扭，通过声波搜索彼此的信号即可。下面是雷达加朋友的操作步骤。

01. 打开"通讯录"界面，选择"新的朋友"或者点击右上角的"添加"按钮，如图4-62所示（这里点击"添加"按钮），在列表中选择"添加朋友"选项，如图4-63所示。

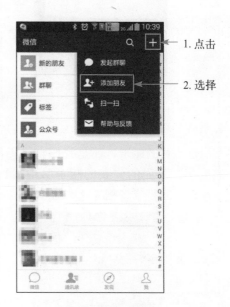

图4-62　　　　　　　　　　　　　图4-63

02. 进入到"添加朋友"界面，选择"雷达加朋友"选项，如图4-64所示。此时雷达开始扫描，如图4-65所示。

等待设备扫描附近同样打开雷达的朋友，在相当一段距离内是可以搜到的，搜到的人会直接显示出来，相互能搜到对方即可完成添加，如图4-66所示。

图 4-64

图 4-65

图 4-66

第 5 章

玩转
我的微信

本章将为用户讲解微信的各种有趣、好玩又实用的玩法，例如利用动态表情玩石头剪刀布和投骰子、开启语音聊天室、与微信好友分享自己的照片和心情等，让微信进入我们的生活，给我们带来更多的欢乐。

5.1　开始和朋友聊天

微信作为一款最新的手机聊天工具，聊天是其最基本的功能。但和其他的聊天工具相比，微信的聊天功能又有许多新的特色，为用户带来不一样的体验。

微信从刚开始简单的文字聊天发展到如今，它已经支持视频通话、实时对讲、给好友发红包、小视频和面对面群聊等功能。因为微信更新得非常迅速，所以很多人对微信的使用还不是很熟悉，接下来让我们一起来体验微信聊天的乐趣。

5.1.1　与朋友发起聊天

在使用微信与人聊天时，只有从通讯录才可以进入到聊天界面。从通讯录发起聊天非常简单，只需要进入"微信"界面，切换到"通讯录"界面，点击要聊天的好友，进入到"详细资料"界面，然后点击"发消息"按钮就可以进入到聊天界面了，如图 5-1 所示。

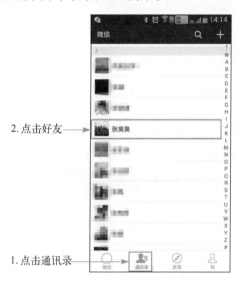 

图 5-1

图 5-2 所示为聊天界面，可以在信息输入框中直接输入文字发送给好友，也可以按下"对讲机"按钮发送语音聊天，还可以按下"添加"按钮发送图片、红包和视频等。

在微信 5.2.1 版中支持撤回两分钟内发出的最后一条信息。这一功能对于经常手误的用户比较实用，给他们提供了补救的办法。

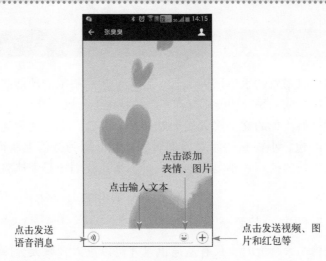

点击添加
表情、图片

点击输入文本

点击发送
语音消息

点击发送视频、图
片和红包等

图 5-2

5.1.2　和朋友一起聊天、玩游戏

微信 5.0 中很多有趣的表情为聊天增加了许多趣味性和可玩性。下面介绍
发送表情以及利用表情玩游戏的方法。

发送表情

进入到聊天界面后，点击"表情"按钮，如图 5-3 所示，进入到表情选择
界面，如图 5-4 所示。点击表情选择界面最下方的标签，可以选择发送 QQ 表
情、动画表情或者表情游戏；在 QQ 表情与动画表情中，都可以左右滑动屏幕进
行翻页，选择自己需要的表情，然后点击即可完成表情的输入；如果想取消输
入的表情，可以点击表情右下方的退格按钮 ⊠ 。

点击

图 5-3

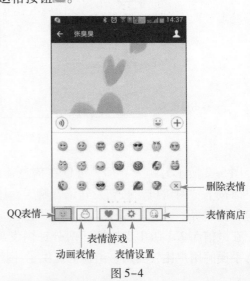

删除表情

QQ表情

表情商店

表情游戏

动画表情　表情设置

图 5-4

如果觉得微信中带的表情不够用或者不新颖，还可以点击"表情商店"按钮进入到"表情商店"，从中选择自己喜欢的表情，如图5-5所示。购买或下载表情后的界面如图5-6所示。

 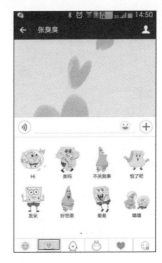

图5-5   图5-6

玩表情游戏

在微信的表情中有一个非常好玩的功能，也就是可以通过聊天界面玩游戏，分别是石头剪刀布和骰子。通过聊天界面玩游戏的具体步骤如下。

01. 选中好友，发聊天信息邀请好友玩游戏。

02. 点击"表情"按钮，然后点击"表情游戏"，进入到表情游戏界面，点击要玩的表情游戏，例如石头剪刀布，即可发送表情，如图5-7所示。

图5-7

03. 表情发送后会循环显示石头、剪刀和布，最后随机停留在某一个状态，如图 5-8 所示。等对方发送过来的手势停止，就可以分出胜负了，如图 5-9 所示。

图 5-8   图 5-9

投骰子的玩法和石头剪刀布的玩法相同，效果如图 5-10 所示。在日常通讯中，用户也可以根据微信提供的表情游戏想出各种各样的玩法，如利用猜拳或比点大小的方法玩真心话大冒险或输家为赢家做一件事等。

图 5-10

5.1.3　用户一起"通话"

2013 年 2 月腾讯公司推出的微信 4.5 版本已经支持实时对讲和多人实时语音聊天功能，在微信 6.1 中这一功能依然保留。实时对讲机功能与真实的对讲机效果极为相近，而且微信的实时对讲机不受地域的限制，只要手机有信号就可以联网进行对讲了（虽然不受地域限制，但会受到网速好坏的影响）。下面为用户介绍多人实时语音聊天的发起方法。

01．使用 5.1.2 节中讲到的方法与一个好友发起聊天，点击聊天界面右上角的人形按钮，如图 5-11 所示，弹出"聊天信息"界面，在该界面中点击"加入" 按钮，如图 5-12 所示。

图 5-11

图 5-12

02．在弹出的"发起群聊"界面中依次选择要加入的聊天成员，完成后点击"确定"按钮，如图 5-13 所示，进入群聊界面，如图 5-14 所示。

03．进入群聊的成员，还可以在他们自己的微信中邀请其他人加入该群聊，如图 5-15 所示，用户张臭臭又分别邀请了校长兼教务处总管和 P@erFect 加入该群聊。

04．建立聊天群后就可以开始发送文字、图片和表情等进行聊天了。同时，在聊天的基础上还可以发起实时对讲，创建语言聊天室。如果要创建多人语音聊天室，则只需要其中一个成员在自己的聊天界面中点击"添加"按钮，然后点击"实时对讲机"发起实时对讲（添加选项可以左右滑动屏幕进行翻页），如图 5-16 所示，进入到实时对讲界面，并等待其他人加入即可，如图 5-17 所示。

图 5-13

图 5-14

图 5-15

图 5-16

图 5-17

05. 其他成员会在自己的界面收到发起者的"我发起了实时对讲",同时在屏幕上方会显示"1 人在实时对讲",如图 5-18 所示。点击进入到"实时对讲"界面,如图 5-19 所示。

06. 按住屏幕下方的圆形话筒,当头像下方的文字转为"说话中…"时就可以与其他成员对话了,如图 5-20 所示。如果要从"实时对讲"界面返回到"群聊"界面,可以点击屏幕右上角的 按钮,如图 5-21 所示;返回"群聊"界面之后,仍然可以听到其他人的声音,再次触摸屏幕上方的提示区域便会回到"实时对讲"界面。

图 5-18

图 5-19

图 5-20

图 5-21

07. 当手机离开微信界面后，同样可以听到其他人的声音（前提是实时对讲在后台运行），点击屏幕最上方的实时对讲框就可以回到"实时对讲"界面与他人聊天了，如图 5-22 所示。

08. 如果要退出实时对讲，可以点击"实时对讲"界面左上角的 按钮，如图 5-23 所示。在弹出的对话框中点击"确定"按钮就可以退出实时对讲了，如图 5-24 所示，退出后将无法听到其他人的对话。

图 5-22

图 5-23   图 5-24

　　在微信中实时对讲机的功能非常好用，比如在一次活动中需要与多方确认时间和地点，便可以使用该功能，这样既不需要组织方一一确认和通知，还可以一同讨论，在网络畅通的情况下就像是在当面讨论。

5.1.4　通过暗号一起进入群聊

　　2014 年 3 月，在微信 5.3 版本中添加了一个面对面群聊功能。

　　面对面建群让通过微信加好友更方便、更快捷。在大型聚会和雷友记的线下活动上，通过面对面群聊的方式，所有人输入同一个数字后立刻就能进入到一个群聊环境中，通过这样的方式可以直接添加身边的朋友，取代了搜索附近的人和摇一摇等烦琐方式，让添加好友变得更加简单。面对面群聊的操作步骤如下：

01. 打开"通讯录"界面，选择"新的朋友"或点击右上角的"添加"按钮，如图 5-25 所示（这里点击"添加"按钮），在列表中选择"添加朋友"，如图 5-26 所示。

图 5-25

图 5-26

02. 进入到"添加朋友"界面，选择"面对面建群"选项，如图 5-27 所示。进入到"面对面建群"界面，如图 5-28 所示。

图 5-27

图 5-28

03. 同时与身边的朋友输入同样的 4 个数字，即可进入同一个群聊，如图 5-29 所示。

04. 点击"进入该群"按钮即可进入"群聊"界面，如图 5-30 所示。

图 5-29   图 5-30

微信方面表示，如果想提高入群的准确度，那么打开手机 GPS 服务即可，与此同时，在群聊建立后，数分钟内身边的朋友可通过相同的数字进入该群。过一段时间后，朋友还可通过群二维码、直接邀请等方式进入。

5.1.5 与好友进行视频通话

微信的视频通话功能在 4.2 版本中就已经出现，其实微信的视频通话与手机 QQ 的视频通话差不多，下面为用户展示一下视频通话功能的具体操作。

发送微信视频通话

01. 首先进入微信，在"通讯录"界面中选择一位需要与其进行视频通话的微信好友，如图 5-31 所示。点击进入到聊天界面，如图 5-32 所示。

02. 在聊天界面中点击"添加"按钮，然后点击"视频聊天"，如图 5-33 所示。这时会弹出一个对话框，在该对话框中可以点击"视频聊天"，也可以点击"语音聊天"，如图 5-34 所示。

03. 如果在发起视频通话之后的 3 分钟之内该好友没有接受视频通话，微信软件会自动发送"对方无应答"的文本信息，如图 5-35 所示。

1.选择好友

图 5-31

图 5-32

2.点击

3.点击

图 5-33

图 5-34

04. 再次点击发送视频请求，耐心等待好友接受视频邀请即可；如果要结束视频聊天，点击屏幕下方的"取消"按钮便会退出视频聊天的邀请，如图 5-36所示。

接受微信视频通话

接受好友视频通话的邀请非常简单，只要对方发送过来视频邀请，在弹出的对话框中点击"接听"按钮，便可以与好友进行视频通话了，如图 5-37 所示。如果是在不想接或不方便接听的情况下，也可以点击"挂断"按钮结束好友的视频邀请；接听后可以点击屏幕右下角的"转换摄像头"按钮，将前摄像头切换为后摄像头，如图 5-38 所示。

图 5-35

点击可切换
到语音模式

点击退出
视频聊天

图 5-36

点击挂断——

——点击接听

图 5-37

点击
切换
摄像头

图 5-38

提示：只有在具备前摄像头的情况下才可以将前摄像头切换到后摄像头。

只有在使用 Wi-Fi 的情况下才可以正常地进行视频通话。如果使用的是移动网络，则系统会弹出提示对话框，如图 5-39 所示。

图 5-39

将视频通话转为语音聊天

开启视屏聊天后，点击屏幕左下角的"切到语音聊天"按钮即可切换到语音模式。进入语音模式后，音量将转换为听筒模式，可以点击"免提"按钮开启扬声器，如图 5-40 所示。在语音模式下只能听到对方的声音，无法看到对方的画面。

点击可切到
语音模式 →

← 点击可开
启扬声器

图 5-40

5.1.6 给好友发红包

2015 年随着春节的到来，红包将是一个焦点，为了方便微信用户发红包，最新版的微信6.1 在附件栏中加入了"红包"功能。新版微信给好友发红包就像微信发消息和表情一样简单，接下来给出微信6.1 发红包的操作步骤。

发红包

01. 首先进入微信，在"通讯录"界面中选择一位需要收红包的微信好友，如图5-41 所示，点击进入到聊天界面。

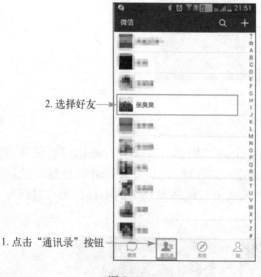

图 5-41

图 5-42

02. 在聊天界面中点击"添加"按钮，然后点击"红包"，如图5-42 所示。

03. 进入到"发红包"界面，在该界面中输入红包金额和想说的话，如图5-43所示，然后点击"塞钱进红包"按钮。

04. 进入到"确认交易"界面，点击"使用零钱支付"按钮，完成微信给好友发红包，如图5-44 所示。红包发送成功后，好友就可以收到你送的红包和祝福了。好友领取红包后，微信会提示用户"某好友领取了你的红包"，如图5-45所示。

> 提示：在发红包时支付的方法有两种，一种是"使用零钱支付"，另一种是"添加银行卡支付"。

在前面已经提到支付红包时有两种方法，一种是"使用零钱支付"，另一种是"添加银行卡支付"。"使用零钱支付"既方便又快捷。如果零钱包里没有钱了怎么办？钱不够又怎么办？那就用到了"添加银行卡支付"，操作步骤如下：

图 5-43　　　　　　　　图 5-44　　　　　　　　图 5-45

01. 进入到"发红包"界面，在该界面中输入红包金额和想说的话，如图 5-46 所示。点击"塞钱进红包"按钮，进入"更换支付方式"界面，选择"添加新卡支付"选项，如图 5-47 所示。

图 5-46　　　　　　　　　　　图 5-47

02. 进入到"添加银行卡"界面，在该界面中输入用户的姓名和正在使用的银行卡号，如图 5-48 所示。点击"下一步"按钮，进入"填写银行卡信息"

界面，填写预留的手机号码如图5-49所示，然后点击"下一步"按钮。

图5-48   图5-49

03. 进入到"验证手机号"界面，点击"获取验证码"按钮，将收到的验证码填写到界面中，如图5-50所示。

图5-50

04. 点击"下一步"按钮，完成微信支付。红包发送成功后，好友就可以收到你送的钱包和祝福了，如图5-51所示。

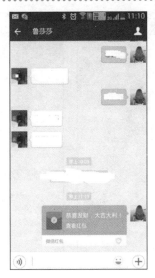

图 5-51

收红包和查看红包

接受好友发送的红包很简单，只要点击对方发送过来的红包，拆开红包就可以收到好友送的红包了，如图 5-52 所示。拆开好友发过来的红包后，微信会提示用户"你领取了某好友的红包"，如图 5-53 所示。

图 5-52

用户不仅可以发红包和拆红包，还可以查看红包，在拆开红包的同时可以查看红包，如图 5-54 所示。

图 5-53   图 5-54

5.1.7 给好友发小视频

在微信 6.1 版本中，最受人关注的就是小视频功能。在第 3 章中已经提到下拉"微信"主界面，当出现拍摄小视频界面时按住"按住拍"按钮完成拍摄。拍摄完成后可以选择分享至朋友圈、保存在手机中或者发送给微信好友。这是微信小视频的一种使用方法，接下来介绍微信小视频的第二种使用方法。

在使用"微信"和好友对话中点击"添加"按钮，选择"小视频"选项，如图 5-55 所示，然后按住"按住拍"按钮完成拍摄（使用方法与第 3 章中的使用方法一样）。

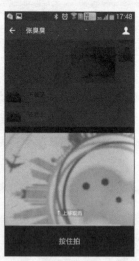

图 5-55

5.1.8 有重要的聊天记录怎么办

微信的聊天记录都保存在手机上，但如何查微信的聊天记录，怎样将微信的聊天记录上传到服务器上进行备份，又如何收藏和删除聊天记录呢？本节将为用户进行详细介绍。

查看聊天记录

在手机上查看聊天记录非常简单，只需要从通讯录中选中要查看的好友，进入到聊天界面，在屏幕上一直往下拉，便可以查看之前的聊天记录了，如图 5-56 所示。

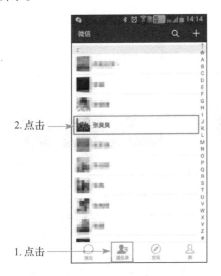

图 5-56

聊天记录的备份

在刷机或者重装微信时，需要进行聊天记录的备份，其操作步骤如下：

01. 打开微信后切换到"我"界面，如图 5-57 所示。点击"设置"，进入"设置"界面，如图 5-58 所示。

02. 在"设置"界面中点击"聊天"，打开"聊天"界面，在该界面中点击"聊天记录备份和恢复"，如图 5-59 所示。此时会进入到"聊天记录备份和恢复"界面，点击"开始备份"按钮，如图 5-60 所示。

03. 点击"开始备份"按钮后，微信软件会自动搜索载入手机上的所有聊天记录，如图 5-61 所示。载入完成后，在载入的聊天记录列表中选择需要备份的聊天记录，也可以点击"全选"按钮，将所有的聊天记录选中，选完之后点击"完成"按钮，如图 5-62 所示。

图 5-57

图 5-58

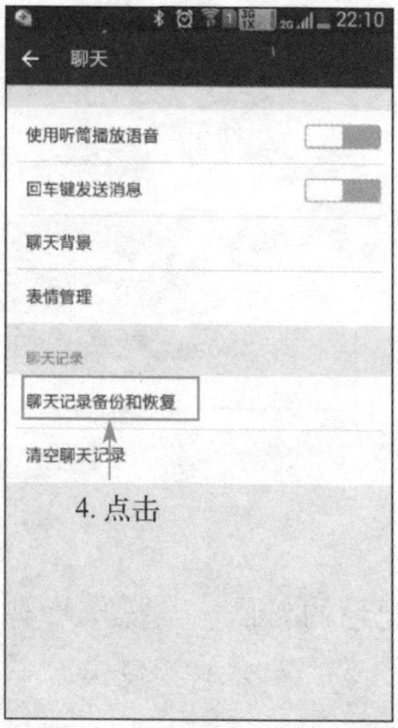

图 5-59

图 5-60

04. 进入"设置密码"界面，如图 5-63 所示。如果用户的手机使用的不是无线网连接网络，会弹出一个确认上传的提示框，这是为了防止用户因上传而消耗大量的流量。如果确认要上传，点击"确定"按钮，如图 5-64 所示。

05. 点击"设置密码"按钮，在弹出的界面中输入密码，然后点击"上传"按钮，如图 5-65 所示。用户也可以在"设置密码"界面中直接点击"上传"按钮开始上传聊天记录；如果之前上传过聊天记录，点击"上传"按钮后会弹

出一个提示框，询问用户是否要覆盖之前上传的数据，如图 5-66 所示。点击
"确定"按钮后会继续上传，点击"取消"按钮会退出上传。

图 5-61

图 5-62

点击设置密码 →

点击直接上传 →

图 5-63

图 5-64

06. 进入到"上传聊天记录"界面，可以看到上传数据的进度，如图 5-67
所示。上传完成后，手机会显示"已完成"，需要注意的是，上传的聊天记录只
会在服务器上保留 7 天，如图 5-68 所示。

图 5-65

图 5-66

图 5-67

图 5-68

07. 在刷机、重装微信或换手机之后登录微信，打开"聊天记录备份和恢复"界面，点击"开始恢复"按钮，如图 5-69 所示。在弹出的"下载聊天记录"界面中选择要下载的聊天记录，如图 5-70 所示。

提示：使用的微信号必须与之前上传过的微信号一致。

128

图 5-69   图 5-70

08. 如果用户的手机使用的不是 Wi－Fi，同样会弹出一个提示框，如图 5-71 所示，点击"确定"按钮，开始下载相应的聊天记录数据，如图 5-72 所示。

图 5-71   图 5-72

09. 当手机显示"已完成"时，说明聊天记录下载完成，切换到聊天界面就可以看到之前与对方的聊天记录了，如图 5-73 所示。

图 5-73

收藏聊天记录

在微信 5.0 版本中添加了"收藏"功能，方便用户随时收藏需要的文字、图片和信息等。收藏聊天记录的步骤如下：

如果要收藏聊天记录中的某一条，可以在打开的聊天界面中长按要收藏的记录，在弹出的选项框中选择"收藏"选项，聊天记录会自动被收藏，如图 5-74 所示。

图 5-74

学会收藏聊天记录了，还要学会查看聊天记录，在用户第一次收藏聊天记录时，系统会提示用户如何查看收藏，如图 5-75 所示。查看收藏不止有这一种方法，下面来学习另一种查看收藏的方法。

　　进入到与某好友聊天的界面，点击"添加"按钮，然后点击"我的收藏"，如图 5-76 所示。进入到"发送收藏内容"界面，查看收藏记录。

图 5-75

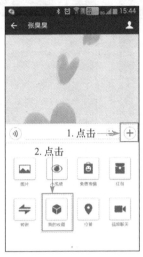

图 5-76

删除聊天记录

删除聊天记录的操作步骤如下：

01. 如果要删除聊天记录中的某一条，可以在打开的聊天界面中长按要删除的记录，在弹出的选项框中选择"删除"选项，聊天记录会自动被删除，如图 5-77 所示。

图 5-77

02. 或者在弹出的选项框中选择"更多"选项,选中要删除的记录,点击垃圾桶按钮,如图5-78所示。

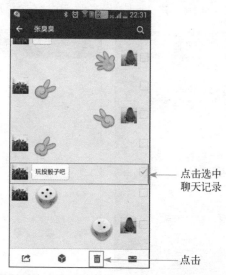

图 5-78

03. 在弹出的"确认删除"提示框中点击"删除"按钮,如图5-79所示。此时在聊天界面中可以看到刚选中的聊天记录没有了,如图5-80所示。

图 5-79   图 5-80

04. 如果要删除与某位好友的聊天记录,可以在"微信"界面中找到要删除记录的好友,长按要删除记录的好友,如图5-81所示,在弹出的选项框中点击"删除该聊天",如图 5-82 所示,将与该好友的聊天记录删除,此时在"微信"界面找不到与该好友的聊天记录,如图 5-83 所示。

图 5-81

图 5-82

图 5-83

05. 如果要删除与某位好友的聊天记录,还可以打开聊天界面,点击右上角的 按钮,如图 5-84 所示,弹出"聊天"界面,选择"清空聊天记录"选项,在弹出的提示框中点击"清空"按钮,如图 5-85 所示。返回到聊天界面,可以看到之前与好友的聊天记录不见了,如图 5-86 所示。

图 5-84

图 5-85

图 5-86

06. 如果要删除和所有好友的聊天记录，可以切换到"我"界面，点击
"设置 > 聊天 > 清空聊天记录 > 清空"将所有的聊天记录删除，如图 5-87
所示。

图 5-87

在微信 5.4 版本中增添了"面对面收钱"和卡包功能，在与好友聊天的过
程中我们可以转账或者赠送优惠券给好友等，如图 5-88 和图 5-89 所示，具体
操作过程将在第 8 章中详细讲解。

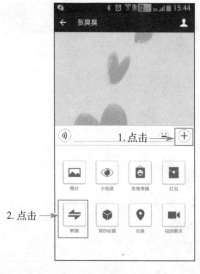

图 5-88

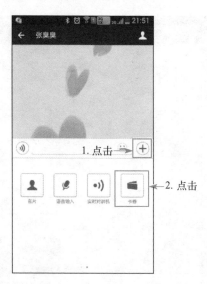

图 5-89

5.2 和朋友一起分享自己的喜怒哀乐

在微信的"发现"界面中有一个功能称为朋友圈,在朋友圈里可以发布文字、图片和小视频,也可以看到通讯录中好友发布的消息、图片和小视频。本节将为用户介绍微信朋友圈的玩法。

5.2.1 进入朋友圈查看朋友的近况

进入朋友圈的方法非常简单,在朋友圈中可以看到朋友发表的图片、心情和小视频。当然,在查看好友的动态时还可以进行评论或点赞,其玩法和微博差不多,具体玩法如下:

01. 首先进入到微信主界面,切换到"发现"界面,如图5-90所示。在该界面中排列的第一个便是朋友圈,点击进入朋友圈,按住屏幕向上滑动,便可以查看好友最新发表的消息了,如图5-91所示。

图5-90   图5-91

02. 如果好友发表的是图片消息或者小视频,点击图片或者小视频可以将其放大查看,如图5-92所示,点击图片右下角的消息按钮 💬 可以评论或赞朋友及自己发表的消息和图片,如图5-93所示。

03. 在朋友圈中还可以更换自己的朋友圈封面。点击封面图片,在弹出的选项框中点击"更换相册封面",如图5-94所示,弹出"更换相册封面"界面,

点击可以赞或评论好友消息

图5-92　　　　　　　　　　　　　　　　　图5-93

在该界面中可以选择从手机相册或摄影师作品中选择图片，也可以使用相机拍一张照片，如图5-95所示。

1.点击

点击进入照相机

2.点击

点击进入手机相册

点击进入摄影师作品集

图5-94　　　　　　　　　　　　　　　　　图5-95

04. 这里以手机相册为例，点击"从手机相册选择"进入手机相册，选择一张照片，返回到"朋友圈"界面，可以看到相册封面改为之前选中的图片，如图5-96所示。

点击选择图像

点击重新选择

点击使用封面设置

图 5-96

5.2.2 拍照片分享给朋友

了解了朋友圈的功能之后，我们再来了解一下在朋友圈中发表图片、文字和小视频的方法，以及发表之后的权限设置方法。

发表图片和文字

01. 进入朋友圈，点击屏幕右上角的照相机按钮，如果是第一次点击该按钮，微信会自动弹出一个关于评论照片的提示，如图 5-97 所示。点击"我知道了"，会弹出一个选项框，可以选择"照片"或"小视频"方式，如图 5-98 所示。

1.点击

2.点击

图 5-97

点击进入照相机

点击进入手机相机

图 5-98

02. 这里以"照片"为例，点击"照片"，会弹出一个选项框，可以选择"拍照"或"从手机相册选择"方式，如图 5-99 所示。选择"拍照"选项，进入到照相机功能界面，拍照成功后，点击"使用照片"按钮完成照片的添加，如图 5-100 所示。

图 5-99

图 5-100

03. 在"发送"界面中可以点击"这一刻的想法"输入框进行文字的编辑，也可以点击图片旁边的"添加"按钮继续添加照片，如图 5-101 所示。

图 5-101

• 所在位置：点击"所在位置"，程序会自动获取位置信息，用户可以设置自己的位置，也可以不显示位置信息。如果设置，发表后在动态的下方会显示设置的所在位置，如图 5-102 所示。

图 5-102

- 谁可以看：点击"谁可以看"，进入"谁可以看"界面。在该界面中有公开、私密、部分可见和不给谁看 4 个选项，如图 5-103 所示。

图 5-103

- 选择"公开"选项，要发表的图片、文字和小视频将会添加到个人相册并分享到朋友圈。
- 选择"私密"选项，要发表的图片、文字和小视频只会添加到个人相册，不会分享到朋友圈。
- 如果用户只想让通讯录中的几个好友看到自己的更新，可以选择"部分可见"选项给好友标签编组。
- 在"公开"的情况下，如果想让通讯录中的某几个人看不到自己的更新，可以选择"不给谁看"选项给好友标签编组。

● 提醒谁看：可以对某些好友进行特别提醒。点击"提醒谁看"进入到好友列表界面，选择要提醒的好友，点击"确定"按钮，如图5-104所示。

图 5-104

在发送后，当被提醒的好友登录微信进入朋友圈后，会在封面的下方出现一条提示，点击即可查看，如图5-105所示。

图 5-105

提示："提醒谁看"功能最多可以选择10位好友，在好友进入微信后不论你的更新被刷下去多久，对方都会看到你的更新。

- 分享到空间：点击空间图标后空间图标会变亮，如图 5–106 所示。在发表动态后，除了微信好友可以看到以外，还会显示在 QQ 空间中，如图 5–107 所示。

图 5–106

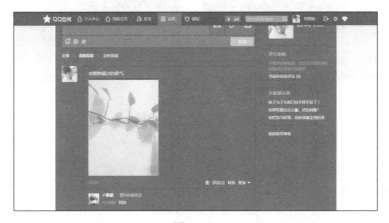

图 5–107

上面介绍"部分可见"和"不给谁看"时提到好友标签编组，对好友进行标签编组的步骤如下：

01. 点击"部分可见"，在弹出的界面中点击"编辑标签"，进入到"选择联系人"界面，选择好友后点击"确定"按钮，如图 5–108 所示。

02. 进入到"保存为标签"界面，为选择的好友设置标签名称后点击"保存"按钮，返回到"谁可以看"界面，可以看到在"部分可见"选项的下方新添加了一个标签，选择该标签后点击"完成"按钮，发表消息后将只有该标签

图 5-108

中的人才可以看到，如图 5-109 所示。

图 5-109

只发文字心情

以上是发表图片和文字的方法，相信很多朋友会问，既然可以发表图片和文字，可不可以只发文字而不发图片呢？在目前的微信 6.1 版本中，发文字的功能为内部检测功能，下面为用户介绍发文字的方法。

进入朋友圈，按屏幕右上角的照相机按钮几秒钟，如果是第一次使用，程序会弹出一个发文字的提示界面，点击"我知道了"，就可以进入"发表文字"界面，输入文字后点击"发送"按钮即可只发文字消息，具体操作如图5-110所示。

图 5-110

发小视频动态

经过前面的学习用户已经对小视频很熟悉了，前面已经向用户介绍了小视频的两种使用场景，接下来介绍小视频的第三种使用场景。

在朋友圈中点击"相机"按钮，选择"小视频"，按住"按住拍"按钮完成拍摄，如图5-111所示。进入到"发送"界面，可以设置位置和权限，如图5-112所示。

图 5-111　　　　　　　　　　　图 5-112

5.3 微信中语音的多种玩法 ···

微信语音功能在 2011 年发布的 2.0 版本中就已经初次展现出了它的魅力，在之后的 3.1 版本中增添了语音记事本功能，使微信的用户量再一次增加；2013 年 2 月微信发布 4.5 版本，在该版本中增添了语音提醒功能，这两个功能是微信语音中最实用的功能。

5.3.1 使用语音记事本记录生活

不论是工作、学习还是生活，人们都会有繁忙的时候，也许还会忘记其中的某些事情，那么就需要将这些事情记录下来，以防忘记。此时，微信中的语音记事本就派上用场了，它不仅可以以语音的形式将一件事情保存，还可以保存图片、文字和视频等形式。

语音记事本的使用方法如下：

01. 进入到"我"界面，点击"设置"，在打开的界面中点击"通用"，如图 5-113 所示。

图 5-113

02. 在"通用"界面中点击"功能"，打开"功能"界面，在该界面中找到并点击"语音记事本"，如图 5-114 所示。

03. 弹出"功能设置"界面，点击"同步到 QQ 邮箱记事本"，这样记录的

图 5-114

消息会在 QQ 邮箱中备份，以防丢失。点击"查看记事"，弹出"语音记事本"
界面，在该界面与聊天界面中的输入方法相同，如图 5-115 所示。

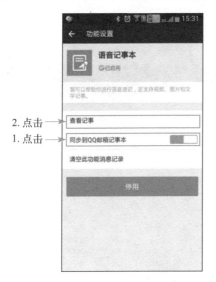

图 5-115

提示：虽然叫语音记事本，却可以以语音、文字、图片和视频等形式记录事情。

04. 保存记事之后，打开 QQ 邮箱，单击邮箱左侧下方的记事本，在记事本
中选择相应日期的微信记事，如图 5-116 所示。

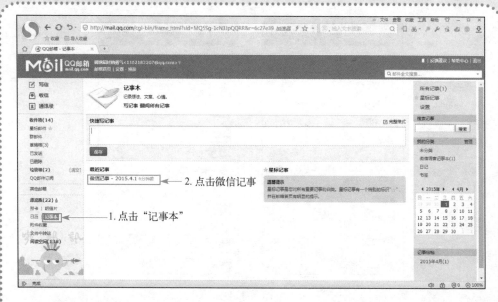

图 5-116

05. 打开相应的微信记事，可以看到当日内保存的所有消息，如图 5-117
所示。

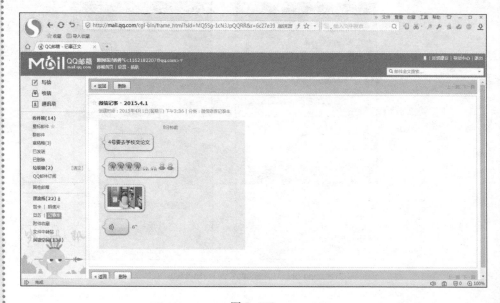

图 5-117

06. 如果想要删除手机上保存的记事，可以打开"语音记事本"界面，
点击屏幕右上方的 按钮，进入到"功能设置"界面，点击"清空此功能
消息记录"，如图 5-118 所示，在弹出的提示框中点击"清空"按钮，如

图 5-119 所示。

图 5-118　　　　　　　　　　　　　　　　图 5-119

07. 进入"语音记事本"界面，可以看到手机上的记事被删除了，如图 5-120 所示。

08. 再次添加记事之后返回到微信主界面，找到"语音记事本"长按，屏幕上出现选项列表，点击"删除该聊天"，将"语音记事本"删除，则进入到微信主界面中找不到"语音记事本"的聊天记录，如图 5-121 所示。

图 5-120　　　　　　　　　　　　　　　　图 5-121

提示：删除手机上的语音记事本不会删除同步到 QQ 邮箱中的语音记事。

5.3.2 语音提醒

微信的语音提醒功能和语音记事本相似，也是用来设置记录事情的，区别在于语音记事本只是将事情记录下来，而语音提醒功能是通过语音输入告诉手机什么时间需要干什么事情，到时间后手机会自动发出一条消息。其具体操作步骤如下：

01. 进入"通讯录"界面，点击"公众号"，进入"公众号"界面，在该界面中点击"语音提醒"，如图 5-122 所示。

图 5-122

02. 弹出"语音提醒"界面，点击该界面左下角的语音按钮，按住"按住说话"按钮，对着手机讲出需要提醒的事，本例为"3 分钟之后提醒我"，如图 5-123 所示。

03. 讲完后松开手指，发送语音消息，会听到手机语音回复"没问题，晚上 9 点 30 分准时提醒你"，同时还会发出一条确认消息，点击"播放"按钮可以听到自己刚才的语音，点击"删除"按钮可以删除该条语音提醒，如图 5-124 所示。

图 5-123

图 5-124

04. 到提醒时间后微信会及时发送一条消息，点击查看，如图 5-125 所示。

图 5-125

05. 语音提醒功能只识别语音不识别文字，如果用户将需要提醒的事以文字形式发送过去，它会发一条消息告诉用户正确的设置方法；如果用户所讲的话系统识别不清，它会给用户提醒"时间已过，请改后再试"，如图 5-126 所示。

文字输入

不识别文字的提醒

语音输入不清晰

语音识别不清的提醒

图 5-126

5.4 了解微信的其他功能

前面为大家介绍了微信的一些基本功能，相信大家已经很熟悉微信了。但在这个微信高速发展的阶段还有很多功能在不断加入，下面为大家介绍一些微信的其他功能。

5.4.1 关注自己感兴趣的公众号

大家在进入微信官网的时候会看到这样一句话"微信，是一个生活方式"，既然说它是一个生活方式，必然有和生活密切相关的功能——公众平台。通过关注公众号可以获得关于健康、娱乐和教育等各方面的知识，使我们的生活更加丰富。

下面为用户介绍关注公众号的操作方法。

通过查找添加微信公众号

01. 登录微信，进入到"通讯录"界面，点击列表中的"公众号"，进入"公众号"界面，如图 5-127 所示。

02. 点击屏幕右上角的"添加"按钮，进入"查找公众号"界面，输入需要的微信公众号关键字，例如输入"经济新闻"，在搜索栏下方会出现众多关于经济的公众号，点击"每日经济新闻"，进入"详细资料"界面，然后点击"关注"按钮即可，如图 5-128 所示。

图 5-127

图 5-128

03. 或者进入到"通讯录"界面，点击"通讯录"右上角的"添加"按钮，进入到"添加朋友"界面，点击"公众号"并关注公众号，如图 5-129 所示。或者直接点击"通讯录"界面中的"公众号"，添加查找"每日经济新闻"。其添加方法和前面介绍的添加方法相同。

04. 关注成功后都会在第一时间发送一条感谢关注的消息，界面会自动进入到"每日经济新闻"界面，如图 5-130 所示。

图 5-129　　　　　　　　　　　　　　　　　　图 5-130

05. 点击"每日经济新闻"界面下方的"有看头"、"有赚头"和"新牛市"可以看到各类新闻，如图5-131所示。

图 5-131

如果没有找到"公众号"，还可以使用以下两种方法添加关注公众号，分别是通过扫描二维码添加微信公众号和通过搜号码添加微信公众号。

通过扫描二维码添加微信公众号

01. 进入到"发现"界面，点击"扫一扫"，进入到"扫一扫"界面，如

图 5-132 所示。

图 5-132

02. 将摄像头对准图中的二维码，手机扫描后会自动加载，并弹出与二维码相应的公众号的详细资料，点击"关注"按钮即可，如图 5-133 所示。

图 5-133

通过搜号码添加微信公众号

01. 点击"通讯录"界面右上角的"添加"按钮，然后点击"添加朋友"，进入到"添加朋友"界面，如图 5-134 所示。

图 5-134

02. 进入到搜号码界面，在输入栏中输入公众号，本例中输入的是"每日经济新闻"的公众号 nbdnews，点击"搜索"按钮进行搜索，界面会自动跳转到每日经济新闻的"详细资料"界面，在该界面中点击"关注"按钮即可，如图 5-135 所示。

图 5-135

取消关注公众号

进入到"每日经济新闻"界面，点击右上角的人形按钮，弹出每日经济新

闻的设置界面，如图 5-136 所示。点击"扩展"按钮，然后点击"不再关注"，
即可取消对该账号的关注，如图 5-137 所示。

图 5-136

图 5-137

点击"不再关注"后会弹出提示对话框，如图 5-138 所示。点击"不再关
注"按钮后进入公众号列表将找不到"每日经济新闻"的公众号，如图 5-139 所示。

图 5-138

图 5-139

5.4.2　群发免费信息

如果收到微信好友发来"该清一清你微信好友了"或者"清理删除掉的好

友"等消息，不管是清一清好友还是清理删除掉的好友都是用微信中的"群发助手"操作的，接下来为用户介绍"群发助手"的使用方法。

01. 登录微信，进入到"我"界面，点击"设置 > 通用 > 功能"，打开"功能"界面，在该界面中找到并点击"群发助手"，如图5-140所示。

图5-140

02. 弹出"功能设置"界面，点击"开始群发"进入"群发助手"界面，然后点击"新建群发"按钮，如图5-141所示。

图5-141

03. 在新弹出的界面中选择收信人，完成后点击"下一步"按钮，在弹出的输入界面中可以输入文字、图片、语音等，点击"发送"按钮即可将信息群发给所选中的好友，如图 5-142 所示。

图 5-142

04. 发送完成后可以点击"再发一条"继续群发，也可以点击"新建群发"重新选择收信人进行群发，还可以点击"返回"按钮退出"群发助手"，如图 5-143 所示。

图 5-143

5.4.3 QQ、微信两不误

QQ 离线助手是微信用户使用最多也是最实用的功能之一，之前很多微信用户怕错过 QQ 消息，不仅需要登录微信还需要整天挂着 QQ，这样既消耗流量又占内存。在微信 2.3 版本中新增了 QQ 离线助手，启用该功能后，用户可以在微信上与 QQ 好友保持联系，收发 QQ 消息，还可以收发语音和图片等。

只要用户将 QQ 号与微信绑定，或使用 QQ 账号登录微信，系统都会自动开启 QQ 离线助手，如果没有启用该功能，可以登录微信，进入到"我"界面，点击"设置 > 通用 > 功能"，打开"功能"界面，在该界面中找到并点击"QQ 离线助手"，进入"功能设置"界面，点击界面中的"启用该功能"启用 QQ 离线助手，如图 5-144 所示。

图 5-144

启用 QQ 离线助手后便可以收发 QQ 消息、查看 QQ 好友列表并选择好友发送消息了，具体的操作步骤如下：

01. 当 QQ 处于离线状态，有 QQ 好友给你发送消息时，消息会被自动送到微信的 QQ 离线助手中，点击"QQ 离线助手"，打开未读消息，此时便可以发送消息给 QQ 好友了，如图 5-145 所示。

02. 如果是按照上面介绍的方法启用 QQ 离线助手，发送消息后会弹出一个填写 QQ 密码的提示框，填写密码后点击"确定"按钮，如图 5-146 所示。在聊天界面中点击消息前的"重新发送"按钮，弹出确认提示框，如图 5-147 所示，点击"重发"按钮，即可将消息发送出去，如图 5-148 所示。

图 5-145

图 5-146　　　　　　　图 5-147　　　　　　　图 5-148

03. 如果对方是用计算机登录的 QQ，对方在 QQ 聊天窗口中会看到你从微信里回复过去的内容，消息可以是文字，也可以是语音和图片等，如图 5-149 所示。如果回复过去的消息是语音，就会收到一条语音，点击前面的播放按钮即可收听语音内容。

5.4.4　通讯录安全助手

通讯录是我们每天生活中必不可少的一部分，让人烦恼的是，换了手机之

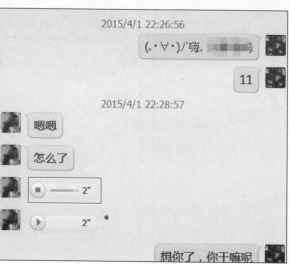

图 5-149

后还要手忙脚乱地导出/导入通讯录；如果丢了手机，通讯录更是找不回来。使用通讯录安全助手能够帮助我们安全备份手机通讯录到云端，这样就算是更换手机或刷机，都可以随时恢复手机联系人到手机中，再也不用为丢失通讯录信息而和朋友联系不上烦恼了。

　　通讯录安全助手的使用方法如下：

　　01. 登录微信，进入到"我"界面，点击"设置 > 通用 > 功能"，进入"功能"界面，在该界面中点击"通讯录安全助手"，进入"功能设置"界面，然后点击"进入安全助手"，如图 5-150 所示。

图 5-150

02. 如果是首次使用该功能，系统会自动弹出一个提示对话框，点击"确定"按钮，进入"通讯备份"界面，点击"备份"，弹出"了解隐私安全"提示框，如果要继续备份通讯录，点击"同意"按钮，如果要取消上传，点击"不，谢谢"，如图 5-151 所示。

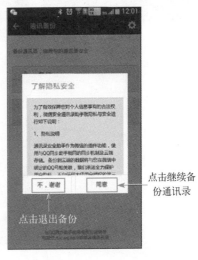

图 5-151

03. 点击"同意"按钮之后会弹出一个 QQ 密码确认提示框，输入密码后点击"确定"按钮，系统会自动备份通讯录，备份完成后还会弹出一个提示框，点击"确定"按钮，退出备份，如图 5-152 所示。

图 5-152

04. 在更换手机或刷机之后，点击"恢复"即可将之前备份的通讯录下载到手机里，下载完成后在弹出的提示框中点击"确定"按钮，退出恢复，如图 5-153 所示。

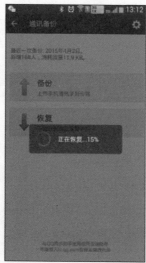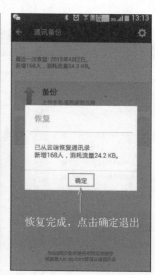

恢复完成，点击确定退出

图 5-153

> 提示：使用通讯录安全助手将通讯录备份到云端后，删除手机上的通讯录不会影响云端上的号码信息。

5.5 真的玩转微信了吗

学习了这么多，大家是不是真的玩转微信了？

在微信版本的不断更新中，还有很多小细节随之同步更新，下面为用户介绍一些细节部分的更新。

5.5.1 语音消息转文字

微信语音聊天既方便又快捷，但是如果在上课或者开会时好友突然发来一段语音消息，当时不能听，又怕是很重要的消息，怎么办？长按语音，将语音转换为文字，随时随地和好友聊天，如图 5-154 和图 5-155 所示。

> 提示：语音消息转文字功能适合普通话，方言语音转文字可能会不标准。

图 5-154

图 5-155

5.5.2 边聊天还能互相约会

约定出游找不到对方？聚会摸不着地方？别人都忙着查地图的时候，用户可以在聊天界面中点击"共享实时位置"邀请朋友一起晒出坐标，免去打电话的烦琐！共享实时位置的操作步骤如下：

01. 一个好友发起聊天或者在群里聊天，在聊天界面中点击"添加"按钮，然后点击"位置"，如图 5-156 所示，再点击"共享实时位置"，如图 5-157 所示。

图 5-156   图 5-157

02. 进入到"共享实时位置"界面,可以看到群里的好友也在共享位置,如图 5-158 所示。如果想取消位置共享,可以点击界面左上角的"电源"按钮。

图 5-158

5.5.3　发消息时自动推荐表情

聊天表情最能体现用户想表达的意思,输入"美吗"或"人呢",微信会在用户下载的表情中自动帮你推荐"美吗"或"人呢"的表情，如图 5-159 所示，有没有觉得很贴心？

图 5-159

5.5.4 "外文消息翻译"，哪里不会点哪里

你还在为不会外文而担心吗？朋友发来外文消息怎么办？复制到翻译软件？太落伍！长按外文消息，点击"翻译"即可翻译成你擅长的语言，如图 5-160 所示。这真是哪里不会点哪里，So Easy！

图 5-160

5.5.5 快速返回朋友圈顶部

翻够了长长的朋友圈,怎么回到顶部?难道又要用手指使劲地向下拉?不用那么麻烦,只要双击屏幕顶端的状态栏,朋友圈将自动滚动到最新消息,如图 5-161 所示。

图 5-161

5.5.6 将聊天记录添加为邮件

我们在前面已经了解到可以将聊天记录收藏,下面学一学怎么将聊天记录转为邮件。在聊天界面中长按消息,点击"更多",选发送邮件,文件会自动作为附件出现在邮件编辑界面中,如图 5-162 所示。

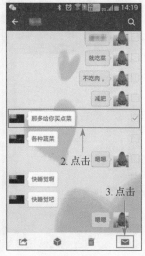

图 5-162

5.5.7 "图片墙"是什么

找群聊图片再也不用翻看聊天记录了！微信推出"图片墙"后，只要在对话模式中随意打开一张图片，并点击右下角的小方框，就能将历史图片全部呈现出来，如图5-163所示。

图5-163

5.5.8 搜索功能强大了

使用搜索功能不仅可以搜索好友，还可以搜索最近的朋友圈内容和附近的餐馆以及文章等内容，如图5-164所示。

了解了微信这些小细节的更新变化，加上前面对微信各种功能的学习，我们现在玩转微信算是真的没问题了，再也不用担心身边的朋友说"这个你都不会，跟不上潮流了"。

图 5-164

第5章

体验
微信公众平台

微信公众平台是腾讯公司在微信的基础上增加的功能模块，通过这一平台，个人和企业都可以打造一个微信公众号，实现与特定群体进行文字、图片、语音等的全方位沟通与互动。

6.1 认识微信公众平台

微信公众平台曾命名为"官号平台"和"媒体平台",最终定位为"公众平台"。和新浪微博早期从明星战略着手不同,微信此时已经有了几亿的用户,挖掘自己用户的价值,为这个新的平台增加更优质的内容,创造更好的黏性,形成一个不一样的生态循环,是平台发展初期更重要的方向。

6.1.1 微信公众平台的发展历程

微信公众平台最初面向名人、政府、媒体和企业等机构推出的合作推广业务,随着微信公众平台的不断发展,在2012年8月17日该平台面向所有用户开放。随后,微信在很短的时间内迅速成为各大机构、商家的营销工具。

2013年10月29日微信公众平台在4个方面得到了更新:其一是开放全新的认证体系,支持服务号进行新的微信认证;其二是开放高级接口,新的微信认证完成后可获得高级接口,服务号微信认证后可立即获得客服接口、网页授权等更多接口能力;其三是新增开发者问答系统,给开发者提供一个互动交流平台,公众平台开发者问答系统主要用于开发者之间的交流互助,开发者问答系统可以从高级功能的开发模式页进入;其四是公众平台界面进行了改版,以提供更加易用的体验,公众平台导航栏改为了竖向,各类细节总共调整了381项,以提供更加易用的细节。

2013年12月2日微信公众平台又一次更新,包括视频消息改造,增加标题和描述。在素材管理中新建视频素材时需增加标题和描述。开发者在使用接口发送视频消息时也可选填标题和描述参数。另外开发者可使用手机号来申请接口测试账号,体验高级接口。测试账号仅可用于开发者接口体验。

微信公众平台于2014年3月4日进行了两次比较重要的更新,以下是更新的具体内容。

(1)公众平台开发接口PHP SDK更新,解决有时无法接收用户消息的问题。

由于在旧版公众平台开发接口的PHP SDK中对于排序算法处理不规范,易导致开发模式下用户推送过来的消息签名有误,微信团队对PHP SDK进行了更新。

如果开发者之前使用公众平台提供PHP SDK时遇到用户推送消息偶尔无法接收的问题,请重新下载SDK。

(2)微信支付。

微信支付已正式开放申请,已通过微信认证的服务号可登录微信公众平台,点击"服务 > 服务中心 > 商户功能"提交资料，申请公众号支付或 App 支付功能。

6.1.2 微信公众平台的特色功能

微信公众平台主要有以下功能。

群发推送消息

公众号可以主动向关注自己的用户推送重要通知或者是有趣的内容，这些内容可以是文字、图片以及视频等形式。

自动回复

由于是一对多的点对点方式，微信公众平台后台设置了自动回复选项，公众号用户可以通过添加关键词（可以添加多个关键词）自动处理一些常用的查询和疑问。

一对一交流

公众号可以根据不同情况与关注自己的微信用户进行一对一的对话，以满足用户的需求。

群发助手

由于公众号不能使用手机等手持设备登录，因此订阅号和服务号都可以绑定腾讯微博，企业号也可以绑定私人微信号。

> 提示：企业号绑定私人微信号需要添加该私人微信号为好友。

6.1.3 微信公众平台的账号

微信公众平台是腾讯公司在微信基础上新增的功能模块，通过这一平台个人和企业都可以打造一个微信公众号，实现与特定群体进行文字、图片、语音等的全方位沟通与互动。

微信推出的"公众平台"在不断更新后将公众号分为服务号、订阅号和企业号 3 种类型的账号。

服务号是指给企业和组织提供更强大的业务服务与用户管理能力，帮助企业快速实现全新的公众号服务平台。

订阅号是指为媒体和个人提供一种新的信息传播方式，构建与读者之间更好的沟通与管理模式。

企业号是指为企业或组织提供移动应用入口，帮助企业建立与员工、上下游供应链及企业应用键的链接。

微信公众平台将公众号分类，这样做的目的是为了保护私人账号不被大量的公共账号打扰，同时将公众号的登录转移到计算机端，这样可以更加方便地管理公共账号。

订阅号、服务号和企业号的操作界面是相似的，这里以"服务号"为例来学习对微信公众平台的操作。

6.2 微信公众平台的注册方法

再小的个体也有自己的品牌，目前微信平台的发展迅速，越来越多的个人或者企业开始关注微信。与此同时，微信公众平台的推出更是让许多企业看到了营销的机会，下面为大家介绍如何注册微信公众平台。

微信公众号的注册需要一个邮箱，如果用户的 QQ 没有与其他私人微信账号或公众账号绑定，可以直接用 QQ 邮箱注册，但我想大多数微信用户都已经将自己的 QQ 号与私人微信绑定了，所以这里为大家介绍使用个人邮箱注册微信公众账号的方法。

> 提示：如果没有邮箱可以从网上申请一个任意类型的邮箱，可以是新浪邮箱、163 邮箱或网易邮箱等。

01. 打开计算机上的浏览器，在地址栏内输入网址"http://weixin.qq.com"，并按【Enter】键打开微信官网，单击界面右上方的"公众平台"，如图 6-1 所示。

图 6-1

02. 弹出微信官网界面，单击右上方的"立即注册"，如图 6-2 所示。

图 6-2

03. 弹出注册界面,在该界面中依次填写邮箱地址、密码、确认密码和验证码,填写完成后选择"我同意并遵守《微信公众平台服务协议》",单击"注册"按钮,如图 6-3 所示。

图 6-3

04. 单击"注册"按钮后弹出"邮箱激活"界面，提示用户激活公众平台账号，单击"登录邮箱"，如图 6-4 所示。

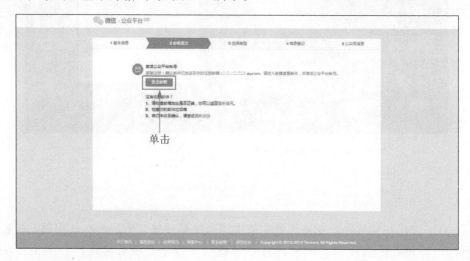

图 6-4

05. 登录邮箱后单击"收件夹"，可以看到一封由"微信团队"发来的标题为"激活你的微信公众平台账号"的邮件，单击邮件中的链接即可激活微信公众平台账号，如图 6-5 所示。

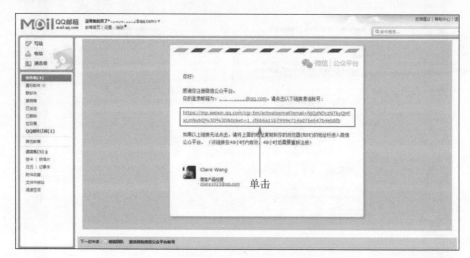

图 6-5

06. 单击链接后弹出"选择类型"界面，如图 6-6 所示。这里选择的是"服务号"，选择完成后将弹出提示对话框，提示用户"选择公众号类型之后不可更改，是否继续操作?"，所以大家在选择类型时一定要慎重，如图 6-7 所示。

图 6-6

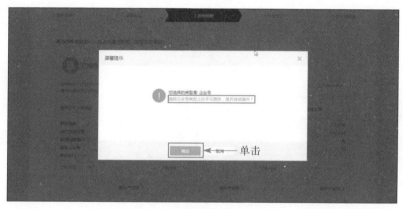

图 6-7

07. 单击"确定"按钮后进入到"信息登记"界面，根据微信公众号类型来选择主体类型，如图 6-8 所示。

图 6-8

08. 上一步中选择的类型是"服务号",主体类型是"企业",因此单击"下一步"按钮后弹出的界面将会是对企业信息进行登记的界面,如图 6-9 所示。

图 6-9

09. 单击"继续"按钮，会弹出一个"提示"框，单击"确定"按钮，如图 6-10 所示。

图 6-10

10. 弹出"公众号信息"界面，根据提示依次输入内容，然后单击"完成"按钮，如图 6-11 所示。

图 6-11

11. 完成后弹出"注册成功"提示框，单击"前往微信公众平台"，这样就完成了微信公众号的注册，如图 6-12 所示。

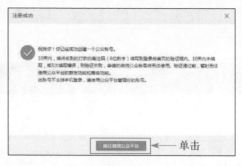

图 6-12

6.3 微信公众号的设置与管理

　　本节介绍微信公众号的设置与管理，接着上一节的注册步骤，注册完成后单击"前往微信公众平台"，进入到账号信息设置界面。

　　首次进入微信公众平台时，需要填写一个腾讯给企业对公打款附加的 6 位验证码，如图 6-13 所示。

图 6-13

　　在该界面的左侧有多个功能标签，分别是功能、微信支付、管理、推广、统计、设置和开发者中心，如图 6-14 所示。

图 6-14

6.3.1 设置一个具有代表性的账号

在注册公众号的时候，我们已经填写过登录邮箱、名称、功能介绍、运营地区等信息，这里为大家介绍公众号头像以及微信号的设置方法。

修改头像

01. 登录微信公众平台，单击"设置"标签下的"账号信息"选项，然后单击"头像"后面的"修改头像"，如图 6–15 所示。

图 6–15

02. 弹出"修改头像"对话框，单击"选择图片"上传图片，如图 6–16所示。

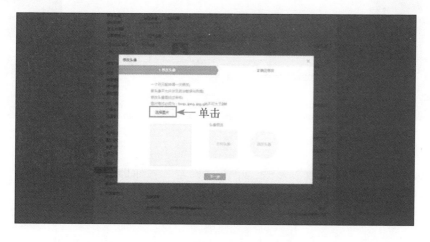

图 6–16

03. 在弹出的"打开"对话框中选择准备好的公众号头像，单击"打开"按钮，如图 6-17 所示。

图 6-17

04. 图像上传完成后，根据自己的需要调整头像，单击"下一步"按钮，如图 6-18 所示。

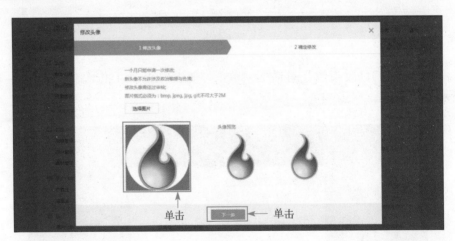

图 6-18

05. 进入"确定修改"步骤，单击"确定"按钮即可完成头像的修改，如图 6-19 所示。

> 提示：修改头像后一个月以内将无法再次修改，如果觉得不满意，还可以单击"上一步"按钮返回到"修改头像"步骤重新修改头像。

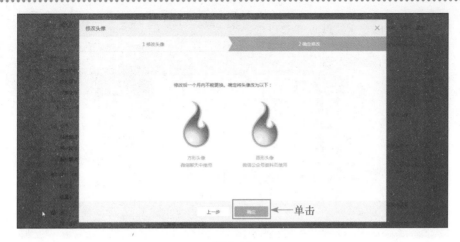

图6-19

设置微信号

公众平台微信号与个人微信号一样都是用户的唯一标志，可以使用 6～20个字母、数字、下画线和减号；微信号必须以字母开头，设置完成后不可以再次更改，所以对于公众平台的用户来说设置一个有个性、容易记忆的微信号是非常重要的。设置微信号的操作步骤如下：

01. 单击"账号信息"界面中的"设置微信号"，如图6-20所示。

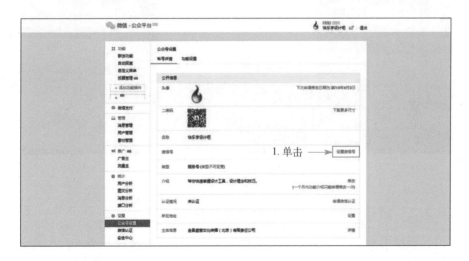

图6-20

02. 在弹出的提示框中输入想好的微信号，单击"确定"按钮即可，如图6-21所示。

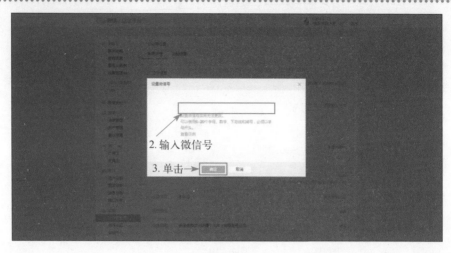

图 6-21

03. 此时会弹出对话框提示用户是否确认使用该微信号，设置后将无法更改，单击"确定"按钮，如图6-22 所示。

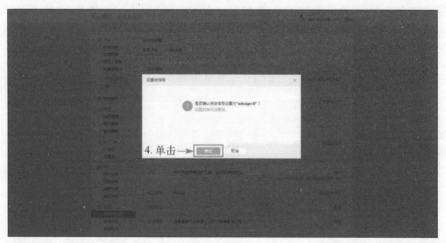

图 6-22

6.3.2 如何管理用户发来的消息

消息管理用来管理关注自己的用户发送来的消息，可以查看并与粉丝进行一对一的交流，还可以对用户进行分组以及修改备注，其操作方法也非常简单。

01. 登录微信公众平台，单击"管理"标签下的"消息管理"，在标签右侧会显示用户发来的全部消息，如图6-23 所示。

02. 单击用户名称，即可打开与该用户的聊天界面，如图6-24 所示，在该界面中可以发送文字、图片、语言和视频等消息。

图 6-23

图 6-24

03. 返回到"消息管理"界面，将鼠标指针移到用户的头像处可以查看用户的详细资料，在弹出的资料框中单击 ✐ 可以进行备注的修改，如图 6-25 所示。

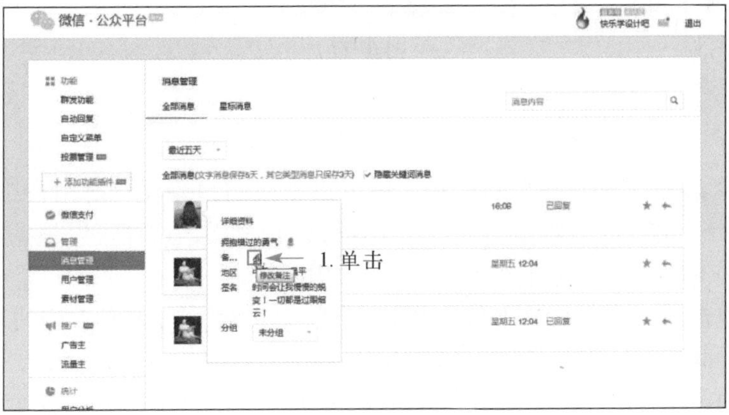

图 6-25

04. 单击"修改备注"按钮会弹出一个提示框,如图 6-26 所示,输入名称,单击"确认"按钮,修改备注后的效果如图 6-27 所示。

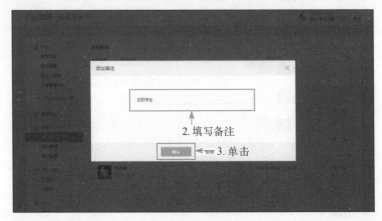

图 6-26

图 6-27

6.3.3　用一个好的方法来管理用户

用户管理显示订阅平台的用户,还可以修改用户备注、对用户进行分组,对用户进行分组可以以职业、年龄、性别等进行分类,这样可以根据不同的分组进行相应的管理和消息推送,有利于维护用户。

01. 单击"管理"标签下的"用户管理",然后单击界面右侧的"新建分组"按钮,可以添加新的分组,如图 6-28 所示。

02. 单击用户后面的"未分组"下拉按钮,可以将用户分到各个组中,如图 6-29 所示。

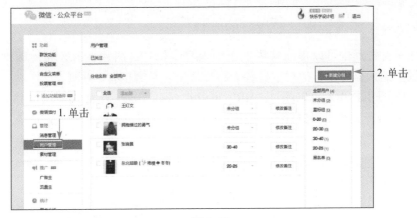

图 6-28

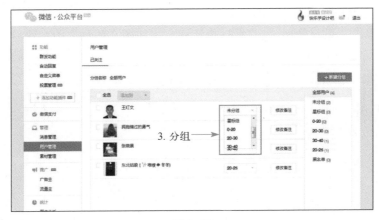

图 6-29

03. 还可以选择用户前面的复选框，然后单击"用户管理"界面中的"添加到"，这样也可以将用户进行分组，如图 6-30 所示。

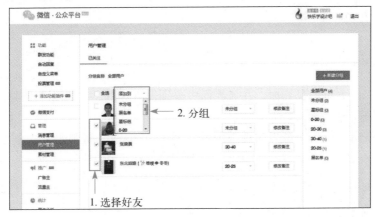

图 6-30

6.3.4 如何管理已经找好的素材

在素材管理中可以提前将要推送的内容编辑好，图片、语音和视频都可以提前保存到素材库中，但对于这些素材微信公众平台也有一些规定。

（1）图片大小不可以超过 2 MB，可以是 bmp、png、jpeg、jpg、gif 格式。

（2）语音大小不可以超过 5 MB，长度不可以超过 60s，可以是 mp3、wma、wav、amr 格式。

（3）视频大小不可以超过 20 MB，可以是 rm、rmvb、wmv、avi、mpg、mpeg、mp4 格式。

图文消息分为单图文消息和多图文消息两种，公众平台用户可以根据自己的需要进行内容的编辑，下面为大家介绍这两种图文消息的编辑方法。

单图文消息

01. 单击"素材管理"，将鼠标指针移至添加图文消息框中，然后单击"添加"按钮，如图 6-31 所示。

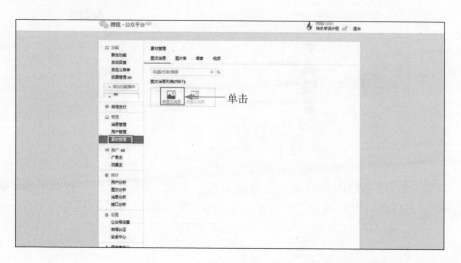

图 6-31

02. 弹出编辑消息界面，在该界面中分别输入标题、作者并上传封面、编辑正文内容等，如图 6-32 所示。

03. 编辑完成后单击界面最下面的"预览"按钮，将弹出"发送预览"提示框，输入自己的个人微信号，单击"确定"按钮，如图 6-33 所示。

> 提示：发送预览功能主要是预览发送给用户的消息的真实效果，用来检查一下消息内容的排版是否正确。

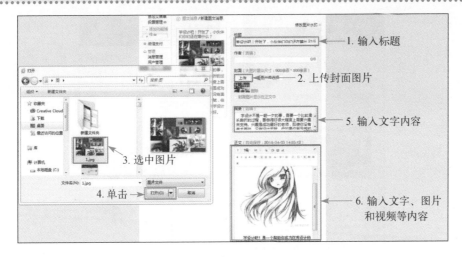

图 6-32

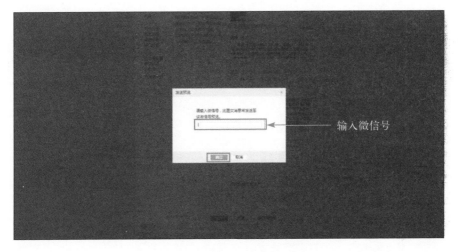

图 6-33

04. 发送个人微信账号上的图文信息，效果如图 6-34 所示。

05. 查看预览后，若没有发现错误，单击"保存"按钮，单图文消息编辑完成，图文信息列表如图 6-35 所示。

提示：图片的大小最好设计为 700 像素×300 像素，这样做出来的效果最好、最清晰，当然如果用户找不到这么大的图片，可以按照 720 像素×400 像素这个比例来调整图片尺寸，例如 500 像素×278 像素 或 300 像素×167 像素，这样可以保证做出来的封面图片能完整显示。如果使用其他尺寸，可能导致图片只显示中间部分。

图 6-34

图 6-35

多图文消息

多图文消息是由最少两条图文消息组成的，且列表中的封面图片都是 400 像素 ×400 像素的正方形，所以要使用的图片应尽量处理成方形。

01. 将鼠标指针移至添加图文消息框中，单击"多图文消息"按钮，如图 6-36 所示。

02. 进入多图文编辑界面编辑图文内容，如图 6-37 所示，可以看到多图文消息与单图文消息相似，只是比单图文消息少了"摘要"，且单图文消息的标题在整条消息的最上方，第 1 条多图文消息的标题在图片下方。

图 6-36

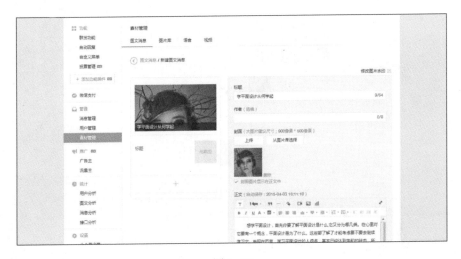

图 6-37

03. 第 1 条图文消息编辑完成后将鼠标指针移到下一条，单击铅笔图标，如图 6-38 所示。

04. 进入第 2 条图文消息的编辑界面，再次编辑消息内容，如图 6-39 所示。

> 提示：第 2 条图文消息的封面如果不是正方形，会显示不完整或变形。

05. 如果要编辑第 3 条图文消息，可以单击左边预览效果下的"添加"按钮进行添加，如图 6-40 所示。

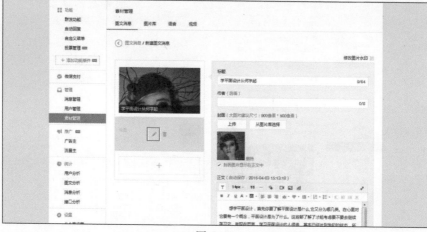

图 6-38

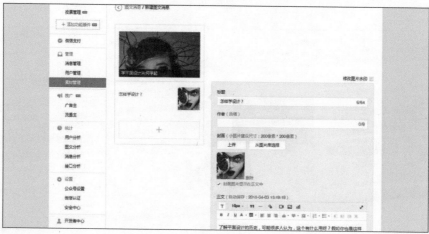

图 6-39

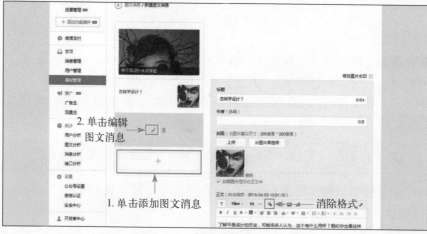

图 6-40

提示：单击铅笔按钮可以编辑图文消息，单击垃圾桶按钮可以删除图文消息。如果编辑的文字内容是从网络上直接复制下来的，会出现这样一个问题，就是会把文章里的文字样式和背景样式一起复制过来，导致内容字体变小，或者内容在手机上显示错位等情况，所以在复制文章后全选文章，然后单击"消除格式"按钮，可以保证内容在手机版微信中正常显示。

06. 编辑完成后单击"预览"按钮，输入个人微信号，使用手机查看多图文消息的格式是否正确，如图 6-41 所示。

图 6-41

07. 若检查没有版式错误，单击"保存"按钮，则多图文消息编辑完成，图文信息列表如图 6-42 所示。

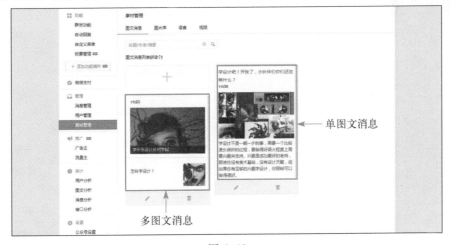

图 6-42

上传图片、语音和视频的方法相同，这里只为大家介绍一下上传图片的方法。

单击进入素材管理界面，切换到"图片库"，单击"上传"按钮，在弹出的"打开"对话框中选择要上传的图片，再单击"打开"按钮，即可将图片上传到公众平台的素材库中，具体步骤如图 6-43 所示。

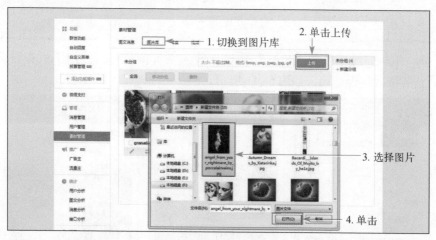

图 6-43

6.3.5　强大的群发功能

群发功能是微信最核心的营销功能之一，可以发送文字、图片、语音、视频和图文 5 种形式的消息。如果之前有编辑好的图文消息，在发送图文消息时，可以从素材库中直接选择发送，还可以按照自己的分组进行群发，实现更加精准的消息推送。群发消息非常简单，这里以图文消息为例进行群发的介绍。

01. 单击"功能"标签下的"群发功能"，根据自己的需要选择群发对象，然后单击"图文消息"图标，如图 6-44 所示。

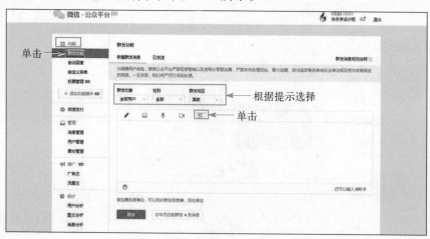

图 6-44

02. 在弹出的"选择素材"对话框中选择已经编辑好的图文消息,单击"确定"按钮,如图6-45所示。

图 6-45

03. 选好素材后单击"群发"按钮,如图6-46所示。

图 6-46

04. 此时会弹出"开启微信保护"提示框,单击"开始"按钮,如图6-47所示(首次发送时会开启微信保护,绑定后每次群发只需扫描验证即可)。

05. 进入"选择验证方式"界面,选择一种验证方式,单击"下一步"按钮,如图6-48所示。

06. 将手机接收到的验证码填入验证码区域,单击"下一步"按钮,如图6-49所示。

图 6-47

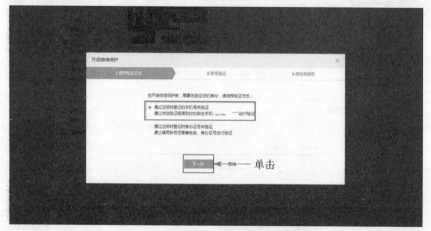

图 6-48

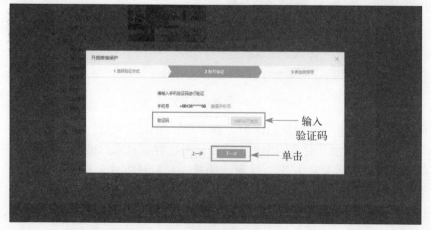

图 6-49

07. 进入到"绑定微信号"界面，使用微信扫描二维码进行验证，如图 6-50 所示。然后在手机上点击"确定"按钮，绑定完成。

图 6-50

08. 返回到"群发功能"界面，单击"群发"按钮，如图 6-51 所示。此时将进行扫描验证，如图 6-52 所示。此次验证可以是管理员验证也可以是非管理员验证，非管理员扫描验证后管理员将接收验证消息。管理员确认后，界面将跳转到群发功能的初始界面，前面所选择的群发消息已经发出。

图 6-51

提示：选择一个合适的时间进行消息群发是非常重要的，一般在早上 8 点~9 点、下午 6 点~7 点这两个时间段是最好的群发时间，因为这两个时间段刚好是上班族上、下班等车或坐车的时间，这个时候的用户比较空闲，可能会拿出手机看微信；另外，中午也是一个比较好的群发时间。

图 6-52

虽然微信公众平台的群发功能很强大、精准，但在使用时一定要注意，不要推送枯燥生硬的广告或者到处都有的资讯，这样会让用户觉得厌烦，从而导致大量粉丝流失。在推送消息的时候尽可能选择生动有趣而且带有互动性的广告，或者是独家特别的资讯，这样才能让你的账号活跃起来，形成自己的品牌价值和号召力。

6.3.6 公众平台自动回复功能

公众平台可以设置"被添加自动回复"、"消息自动回复"和"关键词自动回复"，下面为大家介绍 3 种自动回复的使用方法。

设置"被添加自动回复"

01. 单击"功能"标签下的"自动回复"，进入到"自动回复"界面，然后单击"被添加自动回复"，如图 6-53 所示。

图 6-53

02. 在文本框中输入被添加后想要对用户说的文字或图片等内容，单击"保存"按钮，如图6-54所示。

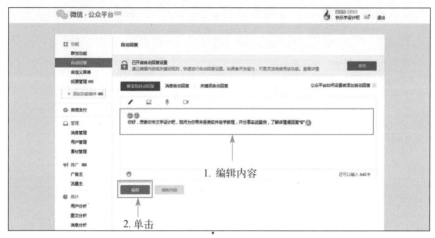

图6-54

03. "被添加自动回复"保存完成后，如果有用户关注了你的公众账号，该用户就会收到一条公众账号的自动回复消息，如图6-55所示。

图6-55

提示：对于欢迎信息，尽量不要把所有信息或设定好的所有关键字都写出来，一开始信息量太大会吓跑用户的，可以放一些主要的查询关键字；尽量不要放一些视频、语音等需要大量流量的内容，以免给用户造成不好的体验效果；内容尽量不要超出一屏（现在手机的主流是5.0英寸屏手机，所以建议以5.0英寸手机屏幕效果为主），还可以添加一些表情使内容显得更生动。

设置"消息自动回复"

01. 单击"自动回复"界面中的"消息自动回复",进入到"消息自动回复"的设置界面,在文本框中输入内容,然后单击"保存"按钮,用户发来消息的自动回复就设置完成了,操作步骤如图6-56所示。

图 6-56

02. 当用户发送来一些没有在后台设置好的关键字或无效的信息时,系统就会发送这里的内容给用户,用来提醒和帮助用户使用正确的关键字进行查询,如图6-57所示。

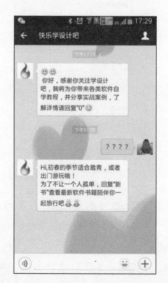

图 6-57

如果没有设置该条自动回复，当用户发来一些没有设置的关键字时，系统不会反馈任何信息给用户，这样会给用户一个错觉——这个公众账号不能用了，从而导致用户取消关注。

设置"关键词自动回复"

　　前面讲的两种自动回复均只能设置一条自动回复，而"关键词自动回复"可以设置多达200条的自动回复，设置完成后，当用户发来消息时，系统会自动匹配做出不同的回复。"关键词自动回复"的具体设置如下：

　　01. 单击"自动回复"界面中的"关键词自动回复"，进入到"关键词自动回复"的设置界面，单击"添加规则"，在创建的新规则中输入规则名，单击"添加关键字"按钮，如图6-58所示。

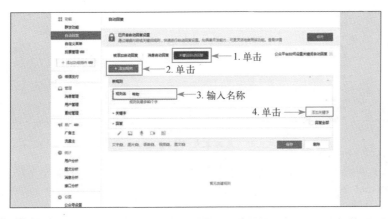

图6-58

　　02. 单击"添加关键字"按钮后会弹出"添加关键字"对话框，在文本框中输入关键字，单击"确定"按钮，如图6-59所示。

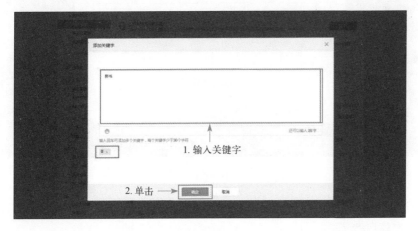

图6-59

提示：在添加关键字的时候按回车键可添加多个关键字，每个关键字少于30个字符。

03. 添加完成关键字后，单击回复编辑栏下的"文字"，如图 6-60 所示。

图 6-60

04. 此时会弹出"添加回复文字"对话框，在文本框中输入文字，完成后单击"确定"按钮，如图 6-61 所示。

图 6-61

05. 写好回复后，一定要记得单击"保存"按钮，如图 6-62 所示，否则之前的心血就白费了。

图 6-62

06. 保存后当用户发来的消息是以上添加的关键字时，系统会自动做出相应的回复，如图 6-63 所示。

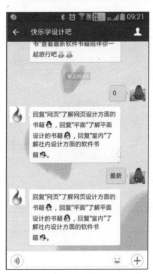

图 6-63

这里需要注意的一点是，新建或展开一条规则，将鼠标指针移到添加的关键字后方，可以看到"未全匹配"、铅笔图标和垃圾桶图标，如图 6-64 所示。若关键字在"未全匹配"状态下，只要用户输入的文字里面包含这个词，系统就可以匹配到，并将对应的内容反馈给用户。如图 6-65 所示，输入"网页"可以反馈给用户相应的消息，输入"关于网页设计的书"，这句话由于包含"网页"两个字，所以也可以反馈给用户相应的消息。

图 6-64

图 6-65

单击"未全匹配",将关键字的状态改为"已全匹配",并单击"保存"按钮,则只有在用户的输入与后台设置的关键字相同的情况下,系统才会反馈给用户相应的消息,如图 6-66 所示。

在回复编辑栏的右侧还有"回复全部"复选框,如果一条规则下有多条回复,选择"回复全部",并单击"保存"按钮将其保存,如图 6-67 所示。在用户输入相应的关键字后,系统会自动将关键字对应的全部消息反馈给用户,如图 6-68 所示。

图 6-66

图 6-67

自定义菜单

公众账号可以在会话界面底部设置自定义菜单，菜单项可按需设定，并可为其设置响应动作。用户可以通过点击菜单项收到你设定的响应，例如收取消息、跳转链接。

微信公众平台自定义菜单的规则如下：

（1）最多创建 3 个一级菜单，一级菜单名称不多于 4 个汉字或 8 个字母。

（2）每个一级菜单下最多可创建 5 个子菜单，子菜单名称不多于 8 个汉字或 16 个字母。

（3）在子菜单下设置动作，可在"发布消息"中编辑内容（可输入 600 个字或字符），或者在"跳转到网页"中添加链接地址，或选择跳转素材图文消息。

（4）编辑中的菜单不会马上被用户看到，单击"发布"按钮后，会在 24 小时内在手机端同步显示，粉丝不会收到更新提示，若多次编辑，以最后一次保存为准。

（5）未认证订阅号只可使用编辑模式下的自定义菜单功能，认证成功后才能使用自定义菜单的相关接口功能。

例如自定义纯文本菜单的操作如下：

01. 单击"功能"标签下的"自定义菜单"，然后单击"菜单管理"后面的"添加"按钮，如图 6-69 所示。

图 6-68

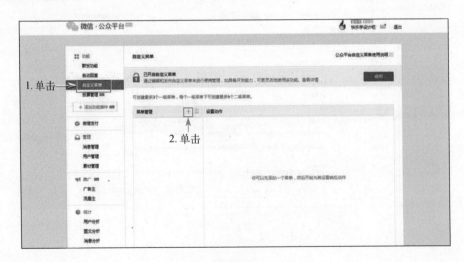

图 6-69

02. 弹出"输入提示框"，输入一级菜单，单击"确认"按钮，如图 6-70 所示。

03. 在纯文本菜单下设置动作，可在"发布消息"中编辑内容（可输入 600 个字或字符），或者在"跳转到网页"中添加链接地址，或选择跳转素材图文消息，如图 6-71 所示（这里选择的是发送信息）。

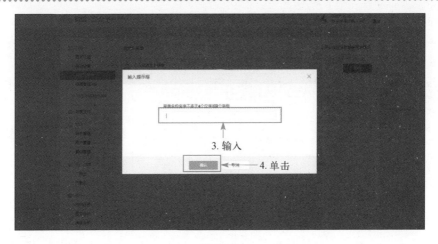

图 6-70

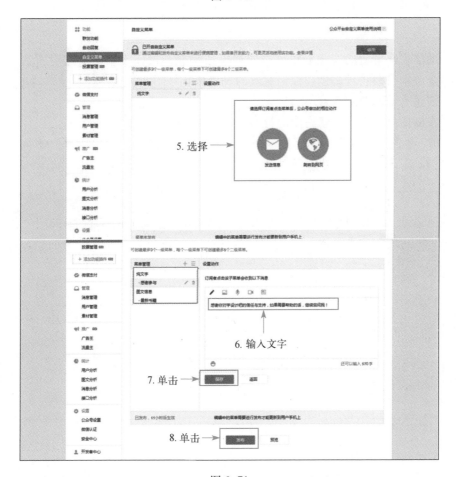

图 6-71

04. 单击"发布"按钮,系统弹出提示对话框,如图6-72所示。单击"确定"按钮,完成自定义菜单的设置,生效后的手机界面如图6-73所示。

图6-72   图6-73

6.3.7 投票管理

微信公众平台的图文编辑可以实现投票功能,目前投票功能已对所有公众账号开放。投票管理是创建任何有效的投票公众号图文消息,查看投票结果。

创建有效的投票平台

在微信公众平台创建有效的投票公众号图文的方法如下:

01. 单击"功能"标签下的"投票管理",然后单击"投票管理"界面中的"新建投票"按钮,如图6-74所示。

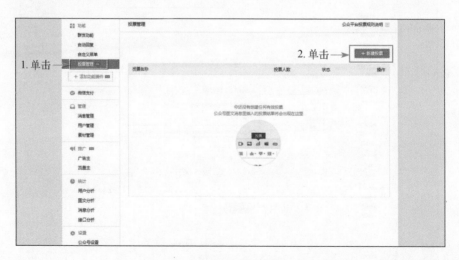

图6-74

02. 进入"投票管理"界面,根据提示填写内容,如图6-75所示。

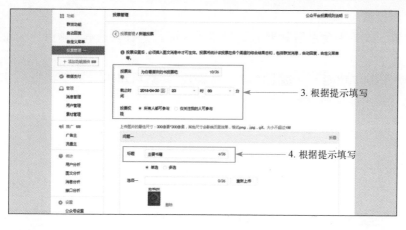

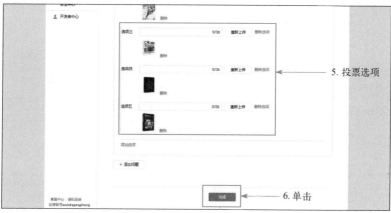

图 6-75

03. 单击"完成"按钮，建立有效的投票公众号图文消息，如图 6-76 所示。

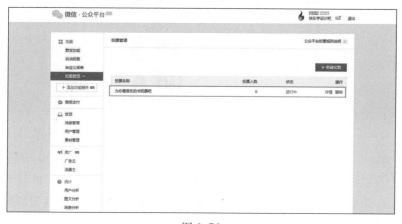

图 6-76

发起投票

设置了投票平台之后就要开始投票了，那么怎样发起投票呢？投票的方法如下：

01. 单击"功能"标签下的"素材管理"，然后单击"图文消息"，设置图文消息，操作步骤和前面学习的一样，如图6-77所示。

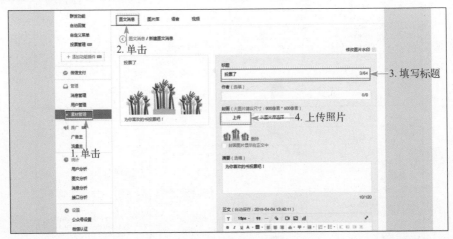

图6-77

02. 在正文的填写中插入"投票"，如图6-78所示。

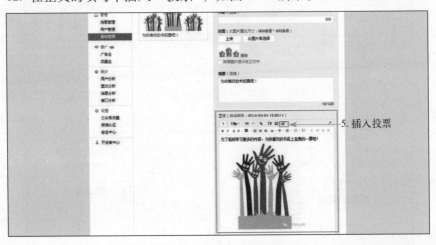

图6-78

03. 单击"投票"按钮，弹出"发起投票"对话框，如图6-79所示。在该对话框中可以选择新投票或者已有投票，选择新投票可以建立新的投票平台，选择已有投票就是选择已经创建过的投票平台（这里选择的是已有投票），之后单击"确定"按钮。

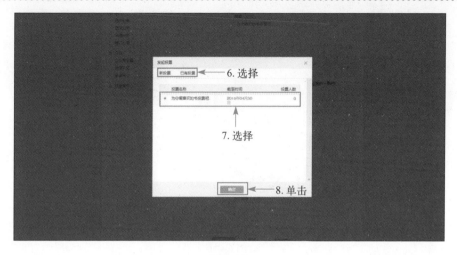

图 6-79

04. 返回"图文消息"界面，单击"预览"按钮，输入个人微信号，使用手机查看多图文消息的格式是否正确，如图 6-80 所示。

图 6-80

05. 若检查没有版式错误，单击"保存"按钮，多图文消息编辑完成，图文信息列表如图 6-81 所示。

管理投票

设置了投票平台，开始投票后，怎样管理投票呢？管理投票的方法如下：

01. 单击"功能"标签下的"素材管理"，然后单击"详情"，如图 6-82 所示。

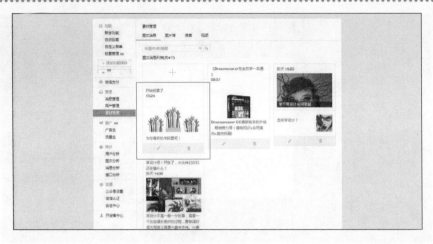

图 6-81

图 6-82

02. 进入到"投票管理"界面，可以查看投票结果，如图 6-83 所示。

在微信公众平台的不断更新中，还可以添加其他功能的插件，单击"功能"标签下的"添加功能插件"进行添加即可，如图 6-84 所示。

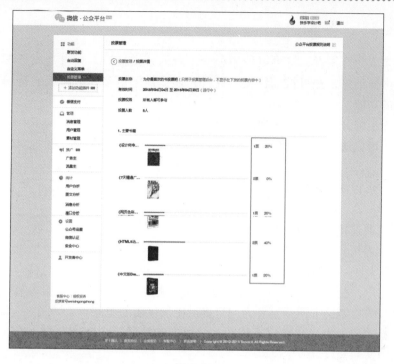

图 6-83

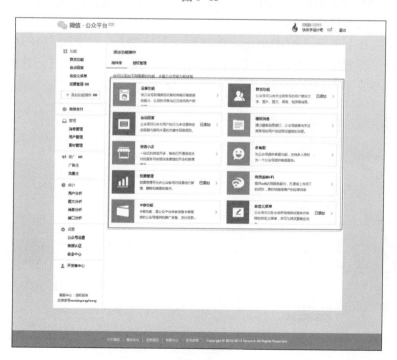

图 6-84

6.3.8　开发者中心

如果成为开发者，将可以使用公众平台的开发接口，在自身服务器上接收用户的微信消息，并可按需回复。此外，还提供了更多、更高级的接口来完善公众号的功能。

首先了解开发者可以实现的功能有哪些。

（1）可以通过自己开发的系统接收用户发送过来的消息，并把对应内容反馈给用户。

（2）可以根据用户发来的地理位置反馈给用户附近的餐厅信息或交通信息。

（3）通过接口可以反馈给用户图文消息，也可以反馈音频内容。

（4）当用户主动发消息给公众号的时候，微信将会把消息数据推送给开发者，开发者在一段时间内（目前为 24 小时内）可以调用客服消息接口发送消息给普通用户，在 24 小时内不限制发送次数。此接口主要用于客服等有人工消息处理环节的功能，方便开发者为用户提供更加优质的服务。

（5）可以通过通用接口上传图片、语音和视频等内容到公众平台上，并且可以调用这些素材。

（6）公众号可根据 OpenID 获取用户的基本信息，包括昵称、头像、性别、所在城市、语言和关注时间。

要想实现上面所介绍的功能，首先要成为开发者，即单击"开发者中心"界面中的"配置项"，查看《微信公众平台开发者服务协议》，之后选择"我同意"复选框，单击"成为开发者"，如图 6-85 所示。

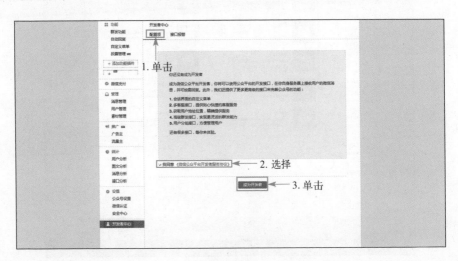

图 6-85

成为开发者后，按照步骤进行操作，如图 6-86 所示。

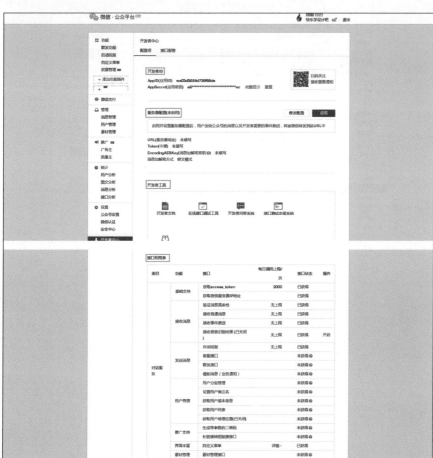

图 6-86

6.3.9　一个非常实用的功能——统计

数据统计功能是在 2013 年 8 月 29 日更新的，包括用户分析、图文分析、消息分析和接口分析四大内容，微信公众平台上线数据统计功能有助于公众账号的优化管理。

用户分析

用户分析包含对用户增长和用户属性的统计。通过用户增长可以查看任意时间段内用户数量的增长、取消关注人数、净增人数和累积人数，如图 6-87 所示；通过用户属性则可以查看用户的性别分布、城市分布和语言分布，如图 6-88 所示。

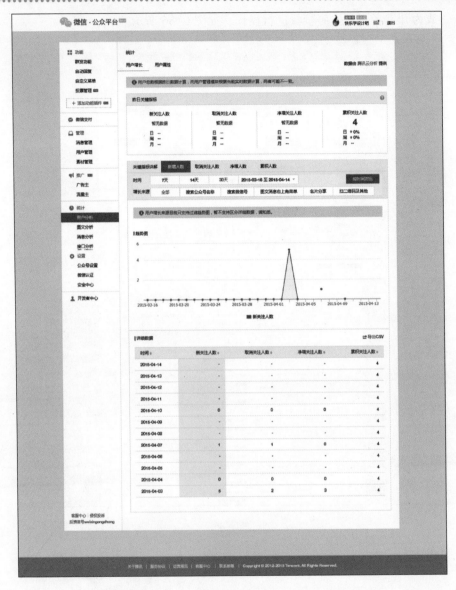

图 6-87

图文分析

从群发图文分析可以看到推送的每条图文消息到达的情况。公众平台的运营者可以看到每条图文的送达人数、图文页阅读人数和次数、原文阅读次数以及分享转发人数，根据群发图文消息的分析来了解内容运营的情况，图 6-89 所示为图文群发界面，图 6-90 所示为图文统计界面。

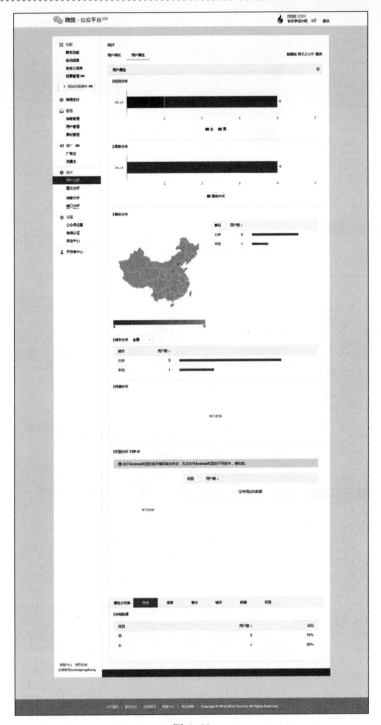

图 6-88

图 6-89

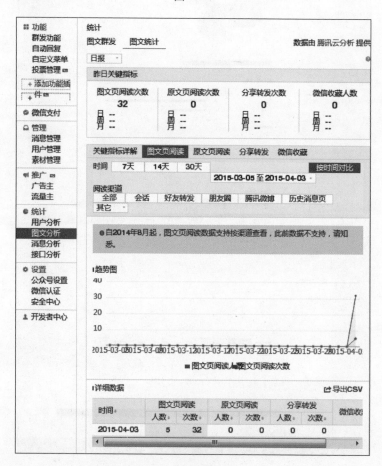

图 6-90

216

消息分析

　　用户消息分析分为消息分析和消息关键词，主要是针对用户发送的消息进行统计，包括消息发送人数、次数等分析，如图6-91和图6-92所示。

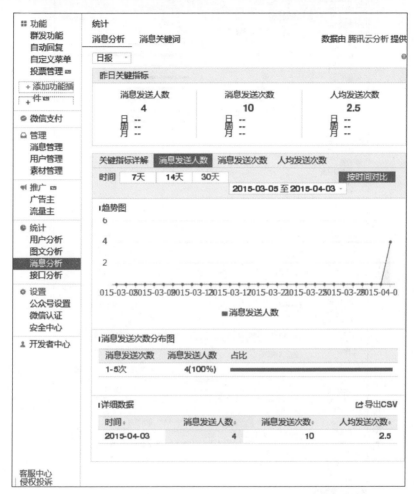

图6-91

接口分析

　　如果微信公众号的运营者成为了开发者，在统计功能下还有一个接口分析，主要是对调用次数、失败率、平均耗时和最大耗时几个关键指标进行数据统计，如图6-93所示。

> 提示：统计的时间区间可以自行设置为7天、14天、30天，每日的数据一般在第二天上午进行更新。

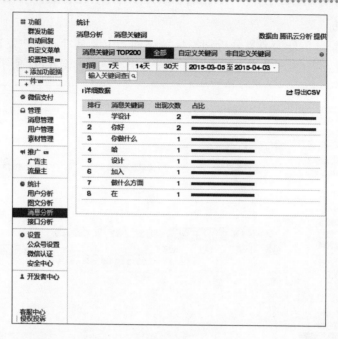

图 6-92

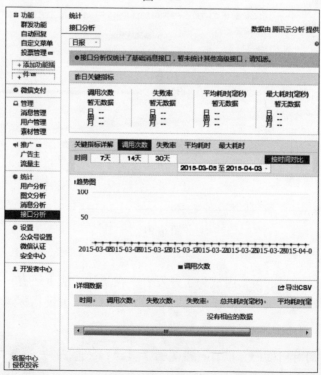

图 6-93

微信公众平台更新的统计功能为运营者提供了非常大的帮助，使所有的数据都一目了然，这样运营者就不需要猜测自己推送的消息到底有多少用户看到，哪些消息更受用户喜爱等。这些数据统计更加完善了微信公众平台的使用功能，相信在不久的将来微信还可以做得更好！

6.4　公众号的推广非常重要

微信公众号是各大商家、企业的营销利器，但公众号的用户不可以主动添加私人号为朋友，所以如何推广自己的公众号，让更多的人知道自己的产品也是一件非常重要的事情。

6.4.1　整理好推广公众号的思路

由于公众号不可以主动添加其他用户的微信号，所以要想使自己的微信产品"家喻户晓"，就需要很好地推广自己的公众号，推广公众号的方法基本上可以分为两类：一类是通过线上或线下的媒体（如微博、QQ 和名片等）广泛宣传自己的二维码；另一类是通过关注自己的用户形成好的口碑，实现"病毒式"传播。

6.4.2　清楚推广公众号的方法

线上推广的好处在于可以节省资金成本；线下推广所需的成本相对于线上推广来说要高很多，对于资金充足的用户来说，线上和线下相结合的推广方式更好；一个品牌的口碑的好坏与其自身的质量以及运营者的营销方式有着非常密切的关系，因此大家可以根据自身情况选择不同的推广方式。下面为大家介绍如何推广自己的公众号。

社交网站推广

对于经常使用社交类网站交友的用户来说，通过社交类网站来推广自己的公众号无疑是最方便、快捷的方法。用户可以将自己的公众号或二维码以说说、日志或照片等形式分享给自己的好友，获得好友的关注。

目前用户量较多且具有一定影响力的社交网站有新浪微博、人人网、QQ 空间等，这里以 QQ 空间为例进行介绍。如图 6-94 所示，将自己的公众号和二维码以说说的形式发表在 QQ 空间上，若关注自己的好友看到这条说说并有一定的兴趣或好奇，该好友便可以拿手机扫描二维码添加关注，这样就可以将 QQ 上的好友转换成为微信公众号的好友，完成推广。

而且看到这条说说的用户还可以再次转发，这样关注该用户的好友也会看到这条说说，从而达到更加广泛的推广效果，如图 6-95 所示。

图 6-94

图 6-95

公众号导航类网站推广

随着微信公众平台的出现，越来越多的企业、商家和个人开始利用微信公众平台做营销，但由于微信公众号不可以主动添加个人微信号，单靠自己推广，力量有些单薄，且没有一个准确的分类，这样用户也很难找到一个自己感兴趣的微信公众号，于是在互联网上兴起了大量的公众号导航网站，例如微信导航、微信聚和千呼万唤等。公众号用户可以选择自己觉得好的网站上传自己的公众号账号信息和二维码。

下面以"微信聚"微信导航网站为例进行说明。

01. 打开计算机浏览器，搜索"微信聚"网站，单击"注册"按钮，如图 6-96 所示。

图 6-96

02. 弹出微信聚的注册界面，根据提示依次填写内容，填写完成后选择界面下方的"点击阅读注册协议"，然后单击"同意注册协议，提交注册"，如图 6-97 所示。

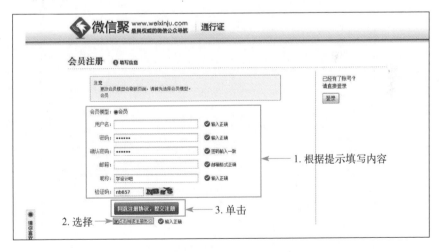

图 6-97

03. 完成注册后，浏览器会自动切换到微信聚的"会员中心"界面，单击"免费提交"，如图 6-98 所示。

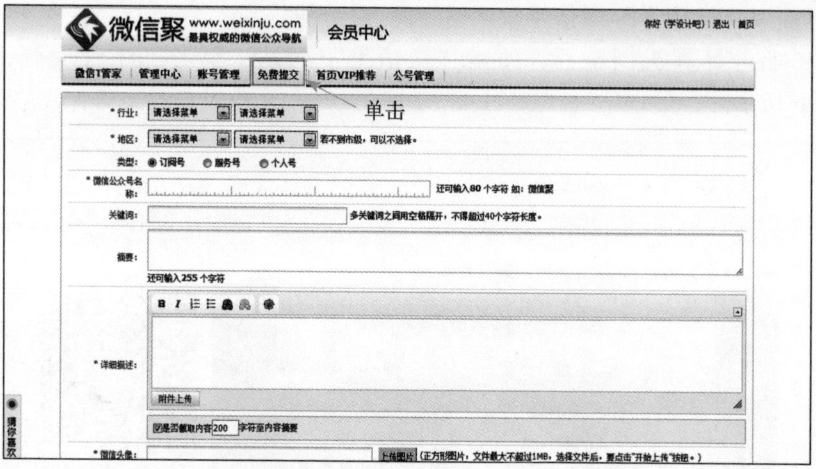

图 6-98

04. 在弹出的提交登记信息中依次填写信息，最后单击"提交"按钮，如图 6-99 所示，此时会提示等待网站通过审核，审核通过后，别人通过该网站就可以搜索到你的公众号。

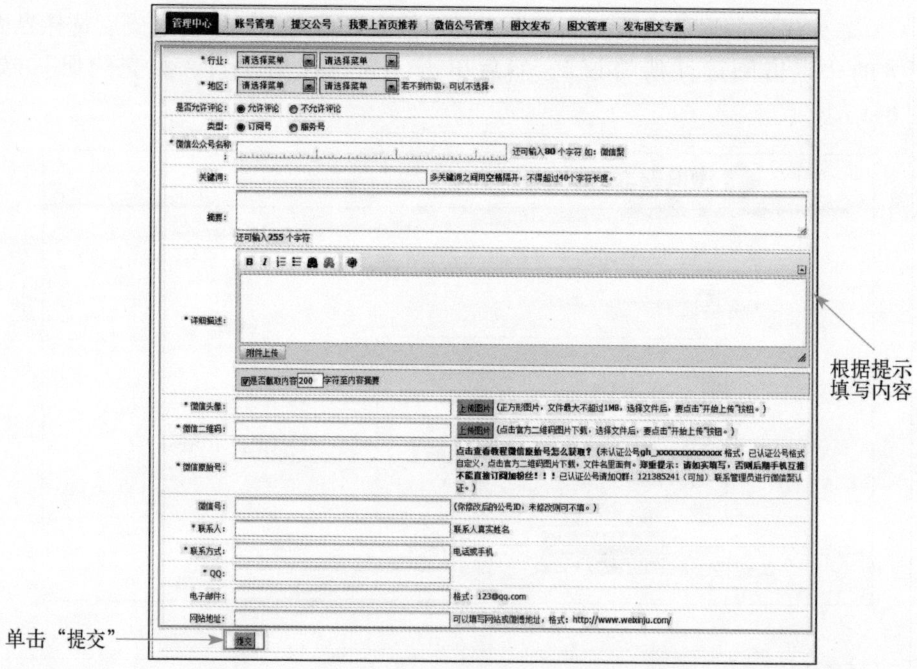

图 6-99

综合社区网站推广

利用综合社区网站推广自己的微信公众号，力度是非常大的。目前国内比较有影响力的网站很多，例如天涯社区、百度贴吧、新浪论坛、凤凰论坛、搜狐社区和猫扑大杂烩等。如图 6-100 所示，某用户在天涯社区发布了一个自己微信公众号二维码的帖子，这样可以吸引大量感兴趣的用户关注自己的公众号。

图 6-100

百度贴吧是全球最大的中文社区，在其中发帖可以得到一些意想不到的效果，图 6-101 所示为某用户在百度贴吧发的帖子。

图 6-101

223

提示：不论是在哪个社区论坛发帖都需要注意不要违反这些地方的规定，若违反规定可能会导致被删帖或封号禁止发帖等负面影响。

博客推广

博客又称网络日志、部落格或部落阁等，是一种通常由个人管理、不定期张贴新的文章的网站。博客上的文章通常根据张贴时间以倒序方式由新到旧排列。许多博客专注在特定的课题上提供评论或新闻，其他则被作为个人的日记。

一个典型的博客结合了文字、图像、其他博客或网站的链接及其他与主题相关的媒体，能够让读者以互动的方式留下意见，是许多博客的重要要素。大部分博客的内容以文字为主，仍有一些博客专注于艺术、摄影、视频、音乐等各种主题。博客是社会媒体网络的一部分，目前比较有名的博客有新浪、网易和搜狐等。

利用博客推广微信号，编者觉得比较适合有一定人气且自身品牌有一定影响力的用户。图 6-102 所示为某用户发表了一篇关于自身品牌的文章，在文章

图 6-102

的最后附上了自己的二维码，这样做不仅达到了推广微信号的目的，还让其他用户对自身品牌有了一定的了解，可以说是一举两得。

　　微博用户还可以将自己的微信二维码设置成自己的博客头像，这样做可以引起更多人的关注。图6-103所示为某用户直接把微信公众号的二维码设置成了自己的博客头像。

图6-103

利用个人微信号推广

　　用户还可以用自己的个人微信号进行推广，我们可以先通过摇一摇、漂流瓶、附近的人等功能添加一些微信好友，然后将自己公众号的内容分享到朋友圈中，这样如果卫星好友点开链接后觉得不错，就可以通过该链接主动关注我们的微信公众号了。

　　除了可以将内容分享到朋友圈外，还可以以聊天的形式将公众号发送的内容发送给其他好友，或者是将自己的微信号推荐给好友。

　　下面介绍分享内容到朋友圈以及通过链接关注公众号的步骤：

　　01. 登录个人微信号，打开与自己微信公众号的聊天界面，点击浏览微信公众号发来的内容，然后点击右上角的"扩展"按钮，如图6-104所示。

　　02. 在弹出的菜单中点击"分享到朋友圈"，此时会弹出一个界面，在该界面中填写自己的想法，填写完成后点击"发送"按钮，如图6-105所示。

　　03. 此时好友们就可以在朋友圈中看见刚刚分享的链接了，点击链接即可阅读，如果有好友对分享的内容感兴趣，可以点击标题下的按钮，这样即可添加关注微信公众号，如图6-106所示。

1.点击

图 6-104

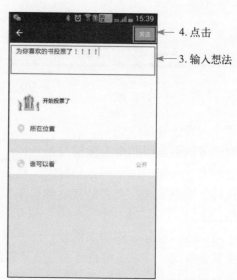

4.点击

3.输入想法

图 6-105

04. 用户还可以点击右上角的"扩展"按钮,在弹出的列表中点击"查看公众号",在弹出的"详细资料"界面中点击"关注"按钮,这样即可关注该公众号,如图 6-107 所示。

接下来为大家介绍如何把微信公众号推送的内容发送给好友:

01. 点击浏览内容界面右上角的"扩展"按钮,在弹出的菜单中点击"发

图 6-106

送给朋友",然后在弹出的"选择"界面中选择好友,如图 6-108 所示。

图 6-107

02. 选择好友后,在弹出的文本框中输入想要对好友说的话,点击"发送"按钮,即可将公众号的内容以聊天的形式发送给好友,如图 6-109 所示。

03. 当好友登录自己的微信后,会收到这条消息,点击即可查看全部内容,如果读者感兴趣,还可以按照上面介绍的方法关注公众号,如图 6-110 所示。

图 6-108

图 6-109

图 6-110

接下来为大家介绍如何把微信公众号推荐给朋友：

01. 登录个人微信号，找到并点击自己的微信公众号，进入到聊天界面，点击人形按钮，进入微信公众号详细信息说明界面，点击右上角的"扩展"按钮，在弹出的列表中选择"推荐给朋友"，如图 6-111 所示。

02. 在出现的"选择"界面中点击"更多联系人"，接下来选中要推荐微信公众号的好友，最后点击"确定"按钮即可将公众号以聊天的形式发送给好友，

图 6-111

如图 6-112 所示。

图 6-112

03. 好友在登录微信后会收到你发送的一条消息，点击即可添加关注，如图 6-113 所示。

线下推广

线下推广是跟博客推广、论坛推广或搜索引擎推广等线上推广相反的一种推广方式，它注重实际生活中人们的沟通交流，在传统营销中占很大的比重。

图 6-113

对于一些商家而言，可以把自己公众号的二维码印在公司名片、宣传页以及宣传海报等媒体上，这样他人在看到这些媒体的时候就可以很方便地用手机扫描二维码关注了，这也是一种非常好的推广方式。图 6-114 所示为某商家把微信公众号的二维码印在了公司的名片上。

图 6-114

只在可以放二维码的媒体上添加二维码，却没有一些东西可以引起用户的注意，这样也无法达到推广的目的。为了达到好的推广效果，商家还可以结合一些活动进行宣传，例如扫描二维码加关注即可获得 7 折优惠等，这样就可以吸引大量的用户关注。

第 7 章

微信改变了
营销模式

当越来越多的智能手机用户将微信当作对讲机使用时，微信营销，这样一个新版的互联网营销方式应运而生。现在，越来越多的商家、名人开始利用这一普及率越来越高的移动平台对自己进行宣传，与用户互动。

7.1 初窥微信营销

微信营销是网络经济时代企业对营销模式的创新，是伴随着微信的火热产生的一种网络营销方式，它主要以微信作为传播媒体，面对的群体是目前将近5.21亿人的微信用户。

微信营销可以通过微信二维码扫描加为好友，可以对微信公众平台进行二次开发展示商家微官网、微会员、微推送、微支付、微活动、微报名、微分享和微名片等，形成了一种主流的线上线下微信互动营销方式。微信营销已成为继搜索引擎营销和微博营销后的又一热门网络营销方式。

7.1.1 微信营销的五大特点

当微博出现时，人们惊呼营销进入了社会化时代，品牌传播的模式不再是大众媒体时代的单向度线性模式了，营销必须"互动"起来。现在随着微信的逐步发展，越来越多的人趋向于微信营销，那么如此多的人看好微信营销到底是为何呢？微信营销的特点如下：

实时推送，到达率高

营销效果在很大程度上取决于信息的到达率，这也是所有营销工具最关注的地方，微信营销通过公众平台在用户关注后可以实时在线，通过微信推送的消息，用户登录微信后会在第一时间收到手机的提醒，不会像手机短信群发或邮件群发那样被大量过滤，这样就保证了信息的时效性。

曝光率几乎是100%

曝光率是衡量信息发布效果的另外一个指标，信息曝光率和到达率完全是两码事，与微博相比，微信信息拥有更高的曝光率。

在微博营销中，只有少数的文案或事件会被大量转发，但时效性很差，也许在我们看到的时候已经是过去很久的事情了，而大多数关注的品牌也会在微博滚动的动态中被淹没。

微信却不会出现这样的情况，在微信关注的公众账号与我们的联系非常紧密，只要用户上微信，就会每天都收到一条公众账号群发的信息，由于微信是通过移动通讯进行传播的，所以具有很强的提醒力度，例如铃声、振动等，随时都会提醒用户收到消息。

营销方式人性化

微信营销是亲民而不是扰民，如果用户不先通过扫描二维码或输入账号等方式添加公众账号，就不会收到来自该账号的任何信息。

微信公众账号的内容既可以主动推送，也可以把接收信息的权力交给用户，让用户选择自己感兴趣的内容，例如回复某个关键词就可以看到相关的内容，使得营销的过程更加人性化。虽然这样可能会令商家失去很多粉丝，相反获得的粉丝质量也会更高，因为这些信息都是用户自愿收到的。图7-1所示为某微信公众账号为其关注者提供的单独聊天服务，这种实时推送信息的方法就好像是朋友之间的信息沟通，在查看信息时一次只能查看一个人的信息，这样可以保证用户在查看信息时的专注度。

图7-1

营销定位更精准

微信的高精确在于对新老客户的控制，很多企业在做微信营销的时候都是先把老客户拉进去，然后再从身边的目标人群中开发新客户，这样企业在营销的时候就会有很高的精确度。

2013年8月23日微信公众平台正式上线，微信公众账号让粉丝的分类更加多样化，可以通过后台的用户分组和地域控制实现精准的消息推送，也就是说可以把不同的粉丝放在不同的分类下面，在信息发送的时候可针对用户的特点实现精准的消息推送。

图7-2所示为某微信公众账号群发信息的界面，在该界面中可以选择群发对象的性别、所在地区等，这样可以限制群发条件，达到信息精准投放的目的。

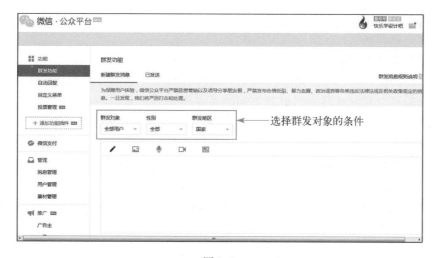

图7-2

营销方式多元化

相比较为单一的传统营销方式，微信营销更加多元化，它可以通过漂流瓶、摇一摇、附近的人和二维码公众平台等途径进行营销，在营销的过程中不仅可以发送文字，还支持语音以及混合文本的编辑。普通的公众账号可以群发文字、图片和语音3个类别的内容；而认证的账号具有更高的权限，能够推送更漂亮的图文信息，尤其是语音和视频。这样做可以和用户拉近距离，使营销活动变得更生动、有趣，更利于营销活动的开展。

7.1.2 微博营销 VS 微信营销

在微信营销之前，先热起来的是微博营销、人人营销，可以说受众在哪，营销就在哪。目前，在网络营销中比较热门且成熟的营销方式当属微博营销，其特点是立体化、高速度、便捷性和广泛性。微信作为一个新生事物，其营销的能力已经彰显出来，和微博一样同属于社会化互动营销，但微信还不成熟，它是否取代微博成为超级营销利器呢？下面通过几个方面对微博营销和微信营销做个比较。

平台的属性

微博营销在思路上还是传统媒体时代的老一套，以信息构建网络的"纽带"，在微博上投放广告主要是搞定多个微博大号或是搞定几家手里有多个微博大号的微博营销公司。

微信主要以沟通为主，以用户关系构建微信网络的"纽带"。商家与用户之间的信息交流具有私密性，是一对一的交流，在聊天的时候并不会出现公之于众的情况，这样可以提高对话的亲密度。这种私密性的对话方式体现了对每个用户的尊重和重视，深受广大用户喜爱。

用户之间的关系

在微博上，用户之间是关注关系。微博普通用户之间可以添加关注，发布消息之后可以看到并转发，但双方的关系并不对等，而是一对多的关系，简单地说就是以发微博者为主，跟随者为次，这给人一种发布者高高在上的感觉。

微博上的关注，只要是稍微感兴趣的用户都会选择关注，但随着微博的不断更新，用户再次上微博后是否还能看到也不一定，所以关注者与被关注者之间的关系比较弱。

而微信上用户是对话关系，微信普通用户之间要想交流就必须互加好友，这就构成了用户之间的对等关系。使用户与公众账号之间可以像朋友一样聊天，发送的消息也更容易被用户所接纳。

微信用户与被关注的公众账号之间是一种订阅式、服务式的关系，只有在用户需要或愿意订阅之后才会收到相关公众账号推送的消息，用户与被关注的公众账号之间的关系比较强。

信息内容

微博是开放的扩散传播，注重传播和时效性；一条内容可以写 140 个字，可以发图片、视频和音乐，还可以加短链接；它可以让一条正在发生的微博以最快的速度传播给受众，具有非常强的传播广度。

微信是私密的封闭式交流，注重交流和可读性；可以发送图文消息、语音和视频，以及在第三方应用中看到的内容；虽然它不像微博那样具有较强的传播广度，但它可以以朋友之间的方式讨论更加具有深度的问题。

时间的同步性

微博用户各自发表自己的微博消息，粉丝在浏览的时候可能已经过去许久，最直接查看到的是发布者最新发布的消息，所以微博的时间同步性是差时。

微信在某种程度上而言，可以理解为移动 QQ 的增强变异版，用户主要是双方同时在线聊天，所以微信的时间同步性可以看作是同步。

对社会的影响

由于微博的特点是立体化、高速度、便捷性和广泛性，它能够及时地将正在发生的事情传播开来到达每个微博用户的眼中，以一传百的效果极强，所以它可能对社会产生较大的影响力。

微信的传播一般局限于每个人的朋友圈，传播范围较小，要想将一条消息广泛地传播开来需要较长的时间，所以不会迅速地对社会产生影响。

7.1.3　短信营销 VS 微信营销

目前很多企业都建立了公众账号，但不知道该如何推广、运营，其实微信营销就是短信营销的升级版。

为什么说为微信营销是短信营销的升级版呢？下面我们来了解一下它们的共同点。

（1）短信营销是手机端，微信营销也是手机端。

（2）短信营销通过手机号发送消息，微信营销通过微信账号发送消息。

（3）短息营销面对的是手机用户，微信营销面对的也是手机用户。

既然微信营销与短信营销一样，大家也许会问，那是不是微信营销也像短信营销那样无限制地发送一些大家不想看到的信息呢？答案是不会，因为在微信中每天只允许公众账号发送一次群发消息，所以商家都非常珍惜，尽量发送一些大家愿意看到的消息，否则就会被大家所抛弃。接下来我们再来了解一下它们的不同之处。

微信营销比短信营销更精准

微信营销可以根据地理位置查找附近的用户进行宣传推广，但短信营销只能去猜这个手机用户的消费情况，这样会非常模糊。

微信公众账号的每一个粉丝都可以说是对该账号的相关内容感兴趣，假如一个微信公众账号有 1 万个粉丝，那么它发出去的消息就会有 1 万个粉丝看，可能会有近一半的人去询问详细情况；而短信营销发出 1 万条信息，也许只会有几个人去询问。

短信营销违法，微信营销不违法

短信群发违反了广告法，违反了手机用户的安宁权，但微信群发不违法。

短信营销属于"扫大街"，微信营销可以与粉丝互动

短信营销如同是"扫大街"的，只有偶尔会扫到值钱的物品，其他时候都是在白费力气，没有多大效果；微信营销却可以和用户进行互动，从而了解用户的需求，对症下药，甚至可以诱导用户产生需求。

7.1.4 视频营销 VS 微信营销

视频营销即用视频来进行营销活动，视频包含电视广告、网络视频、宣传片和微电影等各种方式。视频营销的厉害之处在于传播精准，当网民看到一些有趣、经典的视频时，他会主动将视频分享出去，而看分享视频的一定是与分享者兴趣差不多的用户，这样企业的品牌信息就会随着受众的分享在互联网上疯狂扩散，这一系列的过程就是在筛选目标消费者进行精准传播。

但一个成功的视频营销不仅仅要有高水准的视频制作，更要发掘营销内容的亮点。但它也具备不确定性，有时一条看似会很火的视频营销在播出后却没有收到预期的效果。

微信的特性就是互动，通过互动来维护老客户开发新客户，并通过微信公众账号进行调查、传播和销售，这样就不会有和时评营销相同的风险。

7.1.5 病毒营销 VS 微信营销

病毒营销利用的是用户口碑传播的原理。在互联网上，这种"口碑传播"更加方便，可以像病毒一样迅速蔓延。而且由于这种传播是用户之间自发进行的，因此几乎是不需要费用的网络营销手段。

例如 2008 年 3 月 24 日可口可乐公司推出的火炬在线传递，该活动的具体内容如下：

如果你争取到了火炬在线传递的资格，将获得"火炬大使"的称号，头像处将出现一枚未点亮的图标，之后就可以向你的一个好友发送邀请。如果 10 分钟之内成功邀请其他用户参加活动，你的图标就会成功点亮，同时将获得〔可口可乐〕火炬在线传递活动专属 QQ 皮肤的使用权。

网民们以成为在线火炬手为荣，"病毒式"链条反应一发不可收拾，这个活动在短短的 40 天内就"拉拢"了 4 千万人参与其中。

现在的微信营销也可以称为病毒营销，但它不单是简单的病毒操作，口碑营销仅仅是其中的一种，它还在于运营，企业通过良好的运营方式可以获得巨大的商业价值。微信营销是一种朋友式营销，它的口碑传播更有渗透力、互动性更强、受众更精准。

7.2 微信公众平台的粉丝

要想通过微信公众平台推广自己的产品，就必须拥有自己的粉丝，没有粉丝如何营销？粉丝数量越多产品的销量越高，所以粉丝对于商家来说非常重要，本节我们来了解一下获取粉丝、增加粉丝以及挖掘潜在粉丝的方法。

7.2.1 微信粉丝如同上帝

微信在注册的时候可以使用手机号，用户在进入微信之后也可以绑定 QQ 号，所以微信用户具有真实性。正因为微信与手机号和 QQ 号绑定，所以微信发送的消息都会直接到达微信用户的手机，这样到达率和观看率几乎都是 100%。

微信粉丝还具有可控性，这一点可以从以下两个方面体现出来：

（1）假如用户注册了一个关于书籍方面的公众账号，那么关注你的都会是对此有兴趣、有需求的受众。

（2）微信公众账号具有分组功能，可以将你的粉丝分成几组，例如按性别分为男粉丝和女粉丝，或者按地域分为北京、天津等，这样就可以根据不同的分组发送相应的消息内容了。

7.2.2 获取粉丝最重要的法宝

微信公众账号如何获取粉丝？这是所有从事微信营销的企业、商家需要考虑的问题，从"一千个微信粉丝相当于十万个微博粉丝"这句话就可以看出微信粉丝的重要性。很多企业在获取粉丝的时候推广得很"累"，也不系统，存在这样那样的漏洞，最后投入了时间和精力，效果却不是很明显。下面为大家介绍获取粉丝的方法。

好听、好看、好记忆、好输入的微信账号

微信的账号域名是非常重要的，注册之后无法更改，而且是唯一的，它只代表你一个。所以在注册之前一定要好好思考，如果设置不当，会直接影响到产品的推广。在为自己的公众账号取名的时候要从目标人群的立场去思考，取一个好听、好看、好记忆和好输入的域名才更容易传播。

在设置账号域名的时候一定要注意以下几点：

(1) 要便于记忆。

(2) 要方便目标人群的输入。

(3) 不一定越短越好，但要尽量短。

(4) 尽量不要使用各种符号。

因为微信的账号具有唯一性，所以常会发生账号域名已注册的情况。例如，注册公众号的名字是"讲笑话"，想以 xiaohua 注册一个微信账号，但这个域名已经被注册，在这种情况下还可以加入一些便于记忆的数字，如 xiaohua365 可以满足以上几点。

好看、有创意的二维码

二维码是微信公众平台图形化的符号，是企业微信推广非常重要的环节。尤其是在线下推广方面。在设置二维码的时候，要力求让自己的二维码做到既好看又有个性，能诱惑用户主动拿出手机扫一扫！同时在推广二维码的时候尽可能把企业的名称、主打产品、LOGO 等信息在二维码上面体现出来。

线下整合

开实体店的商家、企业都有自己的销售渠道，例如报纸、电视、海报或公交车等，商家平时在这些地方投放广告的时候就可以将自己的二维码以及微信账号放到上面，也可以在名片上放上自己的二维码和微信账号，在传单等上也可以放二维码，总之，只要是可以放的地方都放上二维码和微信账号，这样可以收到很好的推广效果。

随着微信的发展，企业完全可以通过微信完成从市场调研、品牌传播、客户维护、客服咨询、销售和售后跟踪等工作，甚至可以通过微信完成付款，而企业只需要做好微信公众账号的宣传，将客户吸引到自身的微信公众平台上，就可以完成所有工作了。

线上整合

许多商家在线上也有很多可以利用的资源，例如企业的官方网站、微博、论坛、博客甚至是空间等，也可以放到导航网站上。

> 提示：网址导航就是一个集合较多网址，并按照一定条件进行分类的网址站。网址导航方便网友们快速找到自己需要的网站，而不用记住各类网站的网址，就可以直接进入到所需的网站。图 7-3 所示为"好 123 导航网"界面。

活动策划

如果只是单纯地推广微信公众账号，关注率以及转换率很难得到提升，所以抓取粉丝最关键的一环还是活动的策划，在这方面需要企业多费一些精力和脑力。根据自身的情况想办法让粉丝制造粉丝，让粉丝宣传粉丝，让粉丝推荐粉丝。一个粉丝非常多的微信公众平台一定是能够策划出出彩活动的企业，而粉丝对活动的宣传散播也将成为微信公众平台粉丝的重要来源之一。

图7-3

拒绝刷粉丝

随着微信营销的出现，微信公众平台也出现了如同淘宝刷钻一样的刷粉丝情况，这里一定要注意，微信刷粉丝就是作茧自缚，对推广根本起不到应有的效果。企业做的是品牌、品质，绝对不是做给别人看的，就算你现在刷粉后其他用户关注了你，在短时间内也是无法了解你的真实实力，长久下来，你没有及时地做出互动或者是没有好的活动策划，粉丝很可能会将你抛弃。

7.2.3　如何增加粉丝活跃度

企业做微信营销要先重质后重量，微信好友都是企业的潜在客户，所以企业一定要与这些潜在的客户做好互动。但在微信公众平台上很难维持粉丝的活跃度，每个粉丝的活跃度最高峰也仅仅是刚关注后那一阵，之后很难保持粉丝与公众号的持续互动；有时可能因为一条简单的微信群发消息就会导致粉丝毫不留情地取消关注。那么怎样才能保持互动、提高粉丝的活跃度呢？

栏目设置

任何想玩转微信公众平台的用户都需要考虑"栏目"的设置问题。栏目可以说是节目，也就是商家、企业等都需要考虑自己的目标人群想要看到什么的节目，什么样的节目才能引起用户的注意，引起用户的注意后如何设置才方便用户阅读和选择。

一般来说，企业都是通过产品、资讯或答题获奖等方式进行设置，通过每天的消息推送告诉粉丝我们有这些栏目，还可以设置关键词，使用户非常方便地就可以看到想要看的内容。例如服务号"美特斯邦威",在聊天界面中发送任意内容,它会自动回复并给出关键词查询,输入相应的关键词即可查询相应的内容,如图7-4所示。

图7-4

栏目内容

前面在介绍微信的使用方法时已经为大家介绍过,微信可以发送文字、图片、语音和小视频等内容,微信公众账号在栏目的内容方面可以是文字、图片,也可以是一段语音、视频,还可以是一段音乐,或时不时搞一点趣味活动等,总之是新奇、好玩就可以获得粉丝的"芳心"。但企业要充分发挥聪明才智,制作出有个性、有区别的内容,尽可能让用户满意。

公众账号提供的功能要符合用户的需求

现在越来越多的企业希望自己的微信公众账号具有各种各样的功能,例如英语学校希望自己的平台上具有字典功能,网上营销店希望具有快递查询功能等,增加各种功能后可以增加粉丝对企业公众账号的使用率和互动率,还可以增加粉丝对企业的信赖感和依赖感。对于创建自身品牌的企业,在增加功能的时候可以选择一些与自身息息相关的功能,这样有利于自身品牌的推广。

在功能方面,龙艺旅行网(公众账号为 elongguanfang)就做得非常成功,其功能不仅强大,而且非常实用。微信用户关注龙艺旅行网后可以向该账号发送旅游景点的名字,这样它就会自动返回旅游攻略以及住宿指南;用户还可以通过其他指令查询火车票、飞机票等信息,而且用户还可以发送地理位置信息预定酒店，如图 7-5 所示。

图 7-5

选择优秀的微信托管平台

企业通过第 3 方微信托管平台管理公众账号有助于提升粉丝的活跃度。微信托管平台的基本服务包括为企业开通微信公众账号；编写企业公众账号介绍；设置头像及二维码；根据企业要求在微信公众平台上为企业配置自动回复等，还可以为企业进行客户关系管理。

> 提示：客户关系管理是选择和管理有价值客户及其关系的一种商业策略，它的目标是缩短销售周期和减少销售成本，增加收入，寻找扩展业务需要的新市场，以及提高客户的满意度、忠实度和企业的赢利性。

策划活动和话题，与粉丝的互动

因为微信是一对一的谈话，具有私密性，所以企业在营销的时候一定要注意是"我和你"的沟通，这样才会让人觉得亲切，觉得你就是他的一个朋友，愿意与你互动；要尽量避免以"我和你们"以及"我和您"的方式沟通，"我和你们"的方式会让用户觉得自己没有受到重视和尊重，而"我和您"的方式又太过客气，会有一种生疏感，可能会出现掉粉（失去粉丝）的情况。所以在策划活动和设置话题的时候一定要注意这个问题，可以设置成朋友之间的对话，就像问一句"你吃饭了吗？"一样简单，这样做不仅可以增加活跃度，还可以增加用户的依赖感。

7.3　运营微信公众号要注意的准则

微信公众账号运营的好坏直接影响微信营销的推广，这一点从众多粉丝参差不齐的公众账号中就可以看出来，有的公众账号只有寥寥几个粉丝，而有的公众账号却有上万个粉丝；有的粉丝很少但质量很高，而有的公众账号粉丝很多，却有很多是"僵尸粉"。因此，公众账号的运营是非常重要的，要想获得好的效果，需要遵循以下几个原则。

粉丝要精确

微信营销重在互动推广，所以粉丝一定要精准、有效，通过购买得到的"僵尸粉"只是增加了粉丝数量，根本起不到任何本质作用。那么怎样才能让粉丝尽可能精准、有效呢？首先要确定你的营销范围以及营销人群，然后做足线上的推广以及线下的二维码放置，最后还要策划一些活动、搞一些优惠等。

内容要丰富

说到内容，大家都会想到图片、文字、语音或视频等，如果要做出凌驾于这些内容之上的内容，则需要一个好的内容承载页面。目前最好用的网页制作技术是 HTML 5，利用 HTML 5 技术展示出来的微信内容可以有更多的层次和角度，而且可以随着屏幕的大小调整页面的尺寸。

> 提示：HTML 5 是一个新的 Web 标准，它具有下面两大特点。
> (1) 强化了 Web 网页的表现性能。
> (2) 追加了本地数据库等 Web 应用的功能。它可以实现类似于智能手机 App 端的应用，但会受到网络和手机性能的限制。

功能要全面

前面已经讲过微信公众账号提供功能的目的，这里就不再重复了。需要注意的是，没有什么是完美的，所以在设置了功能之后还要根据粉丝的需求不断地进行完善。

互动要频繁

这里说的频繁并不是说要不断地给用户发无用的消息，而是利用每天可推送的一条消息将大家的兴趣调动起来，使用户愿意与你互动，也可以设置一些有创意的话题与粉丝互动，不论使用什么样的方法，与粉丝互动率越高越好，而且互动的内容越简单、越容易参与越好。

推广要动脑

企业注册了微信公众账号之后，首先要做的是向自己的老客户推广自己的公众账号，因为他们已经对这个企业有所了解，并认同了该企业的产品，推广起来也会容易很多。其次是开发新的用户，每个行业都有自己的目标人群，并不是一个产品可以适合所有人，所以在开发新客户的时候需要弄清楚自己的目标人群到底是哪些。

维护要有重点

维护就是维护我们的粉丝，避免出现"僵尸粉"和掉粉的情况，但在维护的时候需要注意并不是所有人的需求都一样，所以在维护的时候需要按不同的类别将粉丝分成几组，再根据各自的需求制定不同方案，以满足用户的需求。

7.4 微信营销的几个步骤

既然要做微信营销，就有做好做微信营销的准备，需要制定一个大体的做微信营销的步骤，这里粗略地为大家介绍一下微信营销的步骤，希望能对大家有所帮助。

调整心态

如果一个企业确定要做微信营销，就要做好从传统营销转换为微信营销的一种心态。因为微信营销与传统营销不同，企业在微信公众平台上可以完成从市场调研到付款的所有工作，所以企业中的所有员工都要知道微信可以为企业带来什么，自己能为目标人群提供怎样的服务。

确定营销重点

无论是怎样的营销方式，都需要有一个明确的营销重点，在微信营销中需要确定的重点是在微信公众平台上要展示什么样的内容和具有哪些功能。

内容的展示最好是粉丝想要看到什么内容就有什么样的内容，例如粉丝输入"企业"，就可以看到关于企业的一些相关介绍，输入"咨询"，就可以与客服互动等。

其功能方面也已介绍，就是增加一些平时需要的功能。例如，旅行社可以增加天气预报功能、美容店可以增加每日星座运势等，还可以像银行的余额查询功能一样指定和自身品牌有关的功能，图7-6所示为中国农业银行指定的功能。

先将老客户加入微信并进行维护

一个成功的企业都会有自己的老客户，开通微信公众账号后，不妨先从老客户开始推广自己的微信公众号，因为老客户已经对我们有所了解并接受了我们，所以在老客户关注我们后，我们只需要根据他们的喜好设定一些功能和内容，就可以很好地维护了，并不需要耗费太多精力和成本。而且由老客户推荐我们的公众账号会有非常高的成功率，这样的新客户也会是我们非常精准的目标人群。

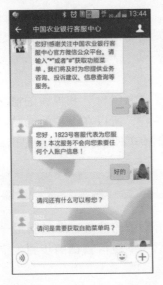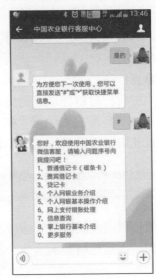

图 7-6

全面推广自己的微信公众账号

在前面我们介绍过，要想获得更多的粉丝，就需要全面推广公众账号，不论是线上的微博、空间还是线下的店面、名片等都可以放上自己的微信公众账号以及二维码名片。除了将二维码和公众账号展示出去以外，还要尽可能地推荐自己的公众账号和二维码。

7.5 微信营销的六大渠道

在了解了微信营销的特点和优势之后，再来了解微信营销的渠道。微信营销主要通过附近的人、漂流瓶、二维码、开放平台、语音营销和微信公众平台六大渠道进行营销，下面分别为大家介绍这六大营销渠道。

7.5.1 附近的人

利用"附近的人"进行营销的模式称为"草根广告式"营销，该营销模式非常适合实体店的商家或其他小范围的营销。"附近的人"是微信中的一款插件，具有 LBS（定位）功能，用户可以查找与自己所在地点地理方位邻近的微信用户。微信体系除了显现邻近用户的名字等基本信息外，还会显现用户签名档的内容。商家也可以运用这个免费的广告位为自己做宣传，如图 7-7 所示。

在图 7-7 中，装饰店的老板（或店员）将自己的微信号名称设置为装饰店名字，再将自己的个性签名改为自己店的广告语，在人流量较大的地方后台 24小时运行微信，如果"附近的人"使用者足够多，随着微信用户数量上升，这个简单的签名栏也许会变成移动的"黄金广告位"。

点击可查看
详细资料

图 7-7

　　当然，在你使用"附近的人"功能查看其他人的同时，其他人也可以查看到你，并可能与你打招呼，也可能会成为不法分子的犯罪途径，所以用户在查看时需要多加小心。

7.5.2　漂流瓶

　　微信中的漂流瓶是移植到 QQ 邮箱的一款应用，该应用在计算机上受到很多用户的好评，许多用户喜欢这种和陌生人的简单互动方式。移植到微信上之后，漂流瓶功能保留了简单易上手的风格。

　　在本书的第 4 章中已经为大家介绍了漂流瓶的使用方法，它有两个非常简单的功能，第 1 个是"扔一个"，用户可以根据自己的情况输入文字、语音和图片等，然后将其扔到大海中，如果被其他用户"捞"到，其他用户回复之后可以展开对话；第 2 个是"捡一个"，用户可以从大海中"捞"其他用户扔出的漂流瓶，"捞"到后可以回复对方，从而展开对话。

　　但由于扔漂流瓶的次数有限，所以商家在漂流瓶的营销中需要多加思考，只有编写出让用户看到后产生兴趣并愿意回复才可能产生效果。

> 提示：每个用户每天只有20次"扔一个"和"捡一个"的机会。

　　如果某些大型商家需要进行推广活动，可以与微信官方联系并合作，这样微信官方可以对该商家的漂流瓶进行参数更改，使合作商家在推广活动期间扔出的"漂流瓶"数量大大增加，普通用户"捞"到的几率也会增加。再加上漂流瓶本身可以发送不同的文字内容甚至语音小游戏等，如果营销得当，也能产生不错的营销效果。图7-8所示为某服装店编辑的圣诞节打折信息。

图7-8

7.5.3 二维码

在我们的生活中微信二维码的使用越来越多，可以说是随处可见，例如使用微信生成自己的二维码名片，然后发送给其他人或者分享到空间、微博，让其他人加自己为好友；或者是通过扫描二维码添加好友或关注公众账号。在登录微信网页版的时候同样需要用微信的"扫一扫"功能扫描二维码。

二维码发展至今其商业用途越来越多，微信也应潮流结合O2O展开商业活动。例如大家进入商场或者饭店的时候会看到很多"扫描二维码即可享受八折优惠"等宣传广告，所以二维码也可以称为O2O折扣式营销模式。图7-9所示为东方香米的二维码活动广告。

> 提示：O2O即Online To Offline，也就是将线下商务的机会与互联网结合在一起，让互联网成为线下交易的前台。这样线下服务就可以在线上揽客，消费者可以在线上筛选服务，成交可以在线结算，从而能够很快达到规模。

二维码是企业营销的重要环节，它的价值在于线下与线上联动，扫一扫线下宣传资料上的二维码就关注了线上的微信账号，例如影院非常适合通过微信

图 7-9

推送最新的影片信息和折扣信息，以及提供在线客服，从而实现与每一个订阅用户的亲密互动，创造销售机会。

7.5.4　开放平台

当我们面对一张美丽的图片、一首优美的音乐、一段精彩的视频、一则有趣的新闻的时候会不会想将它们分享给好友却没有办法？使用微信可以很好地解决这一问题，在微信中有一个开放平台，微信开放平台为第三方移动程序提供接口，使用户可以将第三方程序的内容发布给好友或分享至朋友圈，第三方内容借助微信平台获得更广泛的传播。

第三方程序开发者可以将自己开发的软件与微信连接，借助微信的开放平台以及微信的朋友圈等方式使自己的软件获得更加广泛的传播。当然，开发者要想将自己的应用通过微信的开放平台获得广泛推广，需要在微信开放平台注册，通过申请 AppID 获得使用移动应用开发工具包的权限。

获得权限后，开发者可以将第三方应用接入到微信中，并进行调试。调试好后，用户就可以将第三方应用中的内容分享到微信会话中了。

> 提示：App 是英文 Application 的简称，由于 iPhone 等智能手机的流行，现在的 App 多指智能手机的第三方应用程序。

通过微信将内容分享给好友

01. 打开手机应用软件"蘑菇街"，点击想要分享给好友的宝贝，查看宝贝详情，点击屏幕下方的"分享"按钮，如图 7-10 所示。在弹出的界面中点击"微信朋友"，如图 7-11 所示。

图 7-10　　　　　　　　　　图 7-11

02. 在弹出的"选择"界面中点击"创建新聊天",如图 7-12 所示。在"选择联系人"界面选择好友,点击"确定"按钮,如图 7-13 所示。

图 7-12　　　　　　　　　　图 7-13

03. 弹出"分享给你一件商品"提示框,在文本框中可以输入想要对好友说的话,点击"确定"按钮,如图 7-14 所示。分享成功后,可以点击"返回蘑

菇街"按钮继续逛蘑菇街，也可以点击"留在微信"按钮回到微信中，如
图 7-15 所示。

点击可返回
蘑菇街继续
逛宝贝

点击可留在
微信中与好
友聊天

图 7-14　　　　　　　　　　　　　　图 7-15

04. 对方收到的聊天内容如图 7-16 所示。点击链接打开分享界面，如果对
方没有安装蘑菇街，在界面中会提示用户下载，如图 7-17 所示。

点击查看好
友的分享

链接的来源

图 7-16　　　　　　　　　　　　　　图 7-17

将精彩内容分享到朋友圈

上面为大家介绍了蘑菇街在微信中的分享方法，下面以酷狗音乐为例为大家介绍将内容分享到朋友圈的方法。

01. 打开手机应用软件"酷狗音乐"，在听到好听的歌想要与好友分享时点击屏幕上方的"分享"，如图7-18所示。弹出"分享到"界面，点击"微信朋友圈"，如图7-19所示。

图7-18　　　　　　　　　　　　　图7-19

02. 弹出确认分享界面，在文本框中输入自己想要说的话，点击"发送"按钮，即可成功分享，如图7-20所示。

图7-20

03. 登录微信，进入到"发现"界面，打开朋友圈，可以看到自己刚刚分享的歌曲，在歌曲下方标有歌曲的来源，点击歌曲前的图标可以直接播放音乐，如图 7-21 所示。点击歌曲会进入到酷狗音乐播放器的下载界面，点击歌曲前的图标同样可以播放音乐，如图 7-22 所示。

图 7-21

图 7-22

7.5.5　语音营销

语音信息是微信上非常强大的信息呈现功能。在日常生活中，拿起手机说一两句话比打字发消息方便很多。但由于人对于"听"的理解能力低于"看"的理解能力，所以声音的阅读难度远高于文字、图片等，那么使用语音消息怎么做营销呢？

语音消息比文字更具有亲和力，与文字相比，语音消息更容易拉近营销员与受众的关系，所以使用语音消息非常适合做互动，就如同电台模式，亲切直接、一问多答。另外，微信的语音功能对于电台媒体来说是一个重温精彩片段的绝好平台。

图 7-23 所示为 2013 年 9 月中山广播电视台通过微信公众平台以微信的形式接受现场市民的声音用于现场直播，让市民在万人行巡游途中"同步发声"。在万人行活动中，除了记者采用微信的方式做现场报道外，近 300 名听众通过微信平台发表了自己参加万人行的感受，部分语音经过剪接合成后在直播中播出，利用手机网络快速发送的特点将活动现场的热烈气氛在第一时间带给广大听众。

图 7-23

7.5.6　微信营销中的主要环节——微信公众平台

微信公众平台是微信营销的重中之重，因为公众平台的注册没有限制，所以在这里有很多的大型企业、商家以及个人用户，任何人都可以拥有自己的平台和粉丝，而且不论你是大企业还是小商家，在微信公众平台中都是平等的，要想得到用户的认可从而进行推广和宣传，就必须通过好的服务以及优质的质量才能够达成。

微信公众平台的关注者与被关注者形成一对一的模式，公众账号在微信平台上可以实现与粉丝的文字、图片、语音和视频等内容的全方位沟通互动，包括新闻资讯、产品消息和最新活动等，甚至可以完成客服、质询等功能。

微信公众平台的营销策略如下：

内容为王，发展优质内容

微信可以展示文字、图片、视频、录音以及语音等内容，尽可能地去挖掘自身价值，选择用户愿意看到、感兴趣的内容，有效地将企业拍的视频、制作的图片或是宣传的文字通过微信公众平台群发给粉丝，并为粉丝提供个性化的服务，让微信营销更加"可口化，可乐化，软性化"，更加地吸引受众的眼球。

注意品牌的传播

登录微信公众平台页面，在页面的底部有这样一句话"我的品牌，上亿人看到"，从这一句话中我们就可以看出微信品牌的重要性。企业可以利用公众平台的二维码给粉丝推送优惠信息，这是一个既经济又实惠、更有效的促销模式，要让顾客主动为企业做宣传，激发口碑效应，将产品和服务信息传播到互联网以及生活中的每个角落。

去中心化的优质客服

去中心化的书面概述是这样的："随着主体对客体的相互作用的深入和认知机能的不断平衡、认知结构的不断完善，个体能从自我中心状态中解除出来。"去中心化的平台简单地说就是一个可以敞开心扉进行交流的地方。因为微信具有较强的黏性和沟通感觉，是一个私密的"纽带"，所以企业可以很好地利用这一点实现对客户的优质服务。

但在实际操作中，要想实现一对一的服务就需要投入很多的人力和财力，所以很多企业将大部分设置成可智能自动回复，例如"墨迹天气"这个公众账号，关注后它会立即推送一条帮助消息给关注者，在了解了使用教程之后，用户根据提示发送相应的消息就可以查询相关内容了，如图7-24所示。

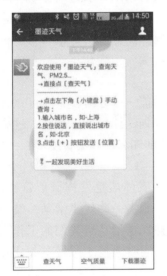

图7-24

7.6 微信营销的实用技巧

在日常生活中，不论做什么都需要一定的技巧，否则很可能事倍功半、徒劳无功，在微信营销方面也是如此。

主打官方公众号，用微信小号推公众大号

首先要将公众号内容做好，然后使用手机再注册一个个人的微信账号，在签名栏为自己的公众账号做宣传，在签名中也可以将一些公众账号发送的有趣内容写进去，之后靠"附近的人"功能进行推广，可以主动与附近的人"打招呼"并附送一些公众号中的内容,引起大家的关注。

除了利用"附近的人"推广外,还可以利用朋友圈分享一些平时工作的心情、知识等有意义的东西并穿插一些与公众大号有关的内容,在不知不觉中进行推广。大家切记不要发一些纯广告的东西,否则会让人觉得厌烦,很可能会直接被拉黑。

打造品牌公众号

品牌的策略是最顶层的设计理念。如同建造大厦,必须先设计好蓝图才能开始动工、挖地基和建大厦。首先要想好自己的主打品牌,之后登录公众平台网站注册公众号,在设置公众账号的头像时最好选择一张可以代表企业的照片或 LOGO,头像的大小以不变形、可以正常辨认为准。通常将用户信息设置成与企业有关的介绍,然后是回复的设置,可以分为被添加自动回复、消息自动回复和关键词自动回复3种,企业可以根据自己的需要进行添加。所有的信息设置完成后,生成二维码分享到所有可以分享的地方。同时建议大家做一个安排计划,每天都提前将准备推送的文字素材、图片素材等准备好。例如餐饮业可以每天推送一条菜式的推荐,或者是随着天气的变化推送一些有利于身体的菜式,以及优惠、打折内容等。

在公众平台中还有一个非常实用的功能——分组,企业可以根据粉丝的不同需求进行分类,然后指定不同的推送计划,让粉丝依赖你,这样就可以形成一个非常好的口碑效应,有利于提升品牌的知名度和美誉度。

实体店同步营销

除了线上推广以外,线下也要经营,实体店是发挥微信营销的重要场地,可以在展架、海报等地方放上二维码,并制定一些优惠活动,鼓励消费者使用手机扫描二维码(例如关注我们的微信并发送消息给我们的工作人员进行服务评价,就可以获得我们的精美礼品一份,同时邀请3位好友关注官方微信,并发送名字给我们,就可以获得神秘礼品一份,更多精彩内容尽在我们的官方微信,各位亲爱的朋友快快拿出你的扫一扫吧!),这样做不仅可以增加公众账号的精确粉丝,还可以获得一些实际消费者,有利于之后的微信营销。

签到打折活动

微信营销最常用的方式就是以活动吸引目标人群的眼球并引诱其参与进来,从而达到推广的目的。这里以餐饮业的签到打折活动为例,餐厅制作好附有二维码的展架、海报或者是菜单,并在公众平台上设置好被添加自动回复消息,在顾客点餐的时候也可以告知其扫二维码可以打折的活动,消费者扫描二维码关注官方账号后会收到一条消息,在买单的时候就可以凭这条消息享受打折优惠。为了防止顾客在消费之后便取消关注,可以在被添加自动回复中说明后续的优惠活动,这样可以维护该消费者,使其成为自己精准的营销人群。

7.7 微信营销的14个成功案例

近几年来新热起来的微信虽然还只是新事物，但很多人对于新事物的探究一直都没有停歇，随着越来越多的商家开始加入微信的使用行列，微信营销也越来越热。在微信营销的探索之路上已经有了很多的成功案例，下面介绍几个经典的案例作为参考。

案例一：招商银行的"爱心漂流瓶"

运营模式：活动式微信——漂流瓶

招商银行的微信营销可以说是国内最成功的典范之一，图7-25所示为招商银行爱心漂流瓶的活动。在此活动中，微信用户使用"漂流瓶"或"摇一摇"就会看到"招商银行点亮蓝灯"，只要参与或关注，招商银行便会通过"小积分，为慈善"平台为自闭症儿童捐赠积分，每捐赠500积分就可以为自闭症的孩子送去一课时的专业辅导，这种和招商银行进行简单互动就可以贡献自己一份爱心的活动颇为吸引人。

据统计，在招商展开活动期间，用户每捞十次漂流瓶，基本上就会有一次捞到招商银行的爱心漂流瓶，可以这样大规模地扔出漂流瓶就是通过与腾讯官方合作，修改其运行参数后得到的。

总结：招商银行扔出的漂流瓶虽多，用户捡到的几率也很大，但内容都是一样的，缺乏一定的灵活性，这样用户在捞几次之后就会失去兴趣。如果可以提供更加多样化的参与信息（例如语音小游戏），用户的参与量也许会增加很多。图7-26所示为招商银行的二维码图片。

图7-25

图7-26

案例二：K5 便利店新店推广

运营模式：地理位置推送——附近的人

K5 便利店新店开张时，利用微信"查看附近的人"和"向附近的人打招呼"两个功能进行基于 LBS 的推送，用户使用"附近的人"功能查看到的 K5 便利店的详细资料如图 7-27 所示。

总结：品牌利用"附近的人"的 LBS 定位功能通过自己的地理位置查找周围的微信用户，再根据其他用户的地理位置将相应的促销信息推送出去，这样可以精准投放，实现营销的目的。由于"附近的人"可以查找 1 000 米以内的用户，所以通过该功能推送出去的消息可以达到非常好的效果。

图 7-27

案例三：深圳海岸城"开启微信会员卡"

运营模式：O2O——二维码

深圳商场海岸城推出"开启微信会员卡"活动，微信用户只要使用微信扫描海岸城专属二维码，即可免费获得海岸城手机会员卡，凭此享受海岸城内多家商户的优惠特权，海岸城专属二维码如图 7-28 所示。

图 7-28

总结：深圳海岸城是国内率先通过二维码进行优惠活动的。微信用户难以抵挡只需要通过微信扫描海岸城专属二维码即可享受该商家提供的会员折扣和服务，使海岸城在活动的两个月中就获得了 6 万多会员，是一次非常成功的微信营销。

案例四：美丽说 × 微信

运营模式：社交分享——第三方应用

2012 年 4 月 24 日，美丽说宣布成为首批登录微信开放平台的应用之一，也是这批合作方中唯一一个以女性用户为主的应用。通过微信的第三方应用接口，用户可以将自己在美丽说中浏览过的内容分享到微信中。对美丽说的具体营销模式在上一节中已经详细介绍，这里就不再重复介绍。

总结：在美丽说入驻微信开放平台之前，很多手机用户都在苦恼逛街和聊天之间的顺滑切换，在美丽说登录微信开放平台之后，解决了女孩子逛美丽说与聊天之间切换困难的问题，满足了大部分人"边逛边聊"的乐趣。由于微信用户彼此间具有某种更加亲密的关系，所以当美丽说中的商品被某个用户分享给其他好友后，相当于完成了一个有效到达的口碑营销。

案例五：英特尔中国"超级星播客"，打造奥运新体验

运营模式：语音营销

2012 年 7 月 27 日，首播的"超极星播客"开创了国内第一档基于移动互联端的手机语音播报节目，让中国体育迷在指尖上过了一把奥运瘾。"超极星播客"节目由英特尔与腾讯共同构思并打造，从 7 月 27 日伦敦开幕式正式播出至 8 月 12 日奥运结束，特邀专家董璐、名嘴孟非，每天 3 个时段，第一时间与用户实现端对端的互动。图 7-29 所示为"超级星播客"的宣传海报。

图 7-29

总结：在 2012 年伦敦奥运会期间，很多人因为工作不可能每晚坚守在电视机前，"超极星播客"每日早八点，奥运超级"董"，精彩看点，幕后花絮。午间"非"常道，每日十二点，孟爷爷不爱相亲爱奥运，拿起手机，听孟非聊聊奥运的趣闻乐事儿。晚间七点，超极大赢家，回答问题，参与互动，即有机会获意外惊喜。通过微信，"超级星播客"不仅让大家在每天早上醒来的第一时间就能听到前一晚最新的战况，还能全天沉浸在麻辣点评的欢乐气氛中。由此可见，"超级星播客"的微信语音营销也非常成功。

案例六：星巴克《自然醒》

运营模式：互动式推送——语音营销

在微信公众平台的运营当中，星巴克堪称是最成功的典范，在活动推广期间，星巴克首先从全国的连锁店面开始，将光顾店面的顾客转换成微信公众账号的粉丝，然后通过活动让这些粉丝自愿将星巴克的官方微信推荐给好友。参与星巴克的《自然醒》活动也非常简单，微信用户只需要添加"星巴克中国"为好友后，用微信表情表达心情，星巴克中国就会根据用户发送的心情用《自然醒》专辑中的音乐回应用户，如图 7-30 所示。星巴克《自然醒》的宣传海报如图 7-31 所示。

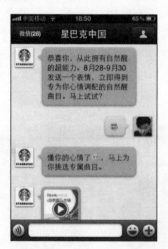

图 7-30

总结：星巴克《自然醒》专辑的推广先让用户关注星巴克的微信账号并分享当天的心情，再由星巴克微信账号从专辑当中挑选出最适合用户心情的一首歌来回应用户，给用户留下了深刻的印象。星巴克利用微信（以及线下的上千家门店）完成了大量的品牌与用户的互动，让更多潜在的客户认识星巴克，了解星巴克的生活品味，不仅将所有的老客户都紧紧地抓到自己手里，还让那些徘徊于各种咖啡店的人停留在星巴克，达到了很好的营销效果。

图 7-31

虽然是成功典范，但星巴克也是有缺点的，缺点就是功能太少，如果能再加入一些趣味性的功能将会更棒的。

案例七：凯迪拉克微信公众账号运营

运营模式：公众平台

2012 年 5 月 17 日凯迪拉克推出"发现你心中的 66 号公路"活动，其微信公众账号上每天会发一组最美的旅行图片给用户，以引起共鸣，其他的内容基本以车型美图为主，如海外车展、谍照等。凯迪拉克也利用账号发布实时内容，如 2012 年 9 月上海暴雨橙色警报时就做了一个安全出行提醒。图 7-32 所示为凯迪拉克推送的一条消息。

图 7-32

总结：微信作为纯粹的沟通工具，商家、媒体和明星与用户之间的对话是私密性的，不会公之于众，因此亲密度更高，而且微信公众平台信息到达率相当于 100%，只要控制好发送频次与发送的内容质量就会获得意想不到的营销效果。而对于发送频次和内容方面，凯迪拉克做得很好，它每天发一条消息，以美图和实时内容为主，既为用户提供了美图欣赏，又为用户提供了生活上的方便，从而赢得了非常多的高品质粉丝。

案例八：1 号店"我画你猜"

运营模式：公众平台

1 号店举行的"我画你猜"微信营销活动每天都会通过微信推送一个图画给用户，用户猜中后在微信上回复将可能中奖。图 7-33 所示为 1 号店的宣传海报。

总结：1 号店基本上属于互动式推送消息，它展开的"你猜我画"竞猜活动借助奖品有效地激励粉丝，使用户在参与过程中感受到了趣味性和互动感，同时也借此获得了很好的用户自发的口碑传播，是一次非常成功的微信营销。

案例九：艺龙网"与小艺一战到底"

运营模式：互动式推送微信

艺龙旅行网在 2013 年 3 月开启了"与小艺一站到底"活动，将题目设置为"与小艺一战到底！赢旅行梦想大奖～。"

图 7-33

具体规则如下：

（1）每天 15 道题，分 4 天发布（3 月 5 日至 8 日），回复答案选项即可，例如 1。

（2）一旦开始便计时，答题结束后会有正确数和用时统计，每日累积成绩，一人限一次机会。

（3）答题截止时间为 3 月 11 日 12：00。

最后会统计最快、最准的人，第 1 名获价值 5 000 元的旅行大奖（至国内任一目的地往返机票 +3 晚酒店住宿）。

第 2～7 名，以及第 11、111、1 111、11 111 名，分别获得价值 210 元的婺源景区通票 1 张。

准备好就回复"go"开始吧！

总结：据了解，这个活动每天参与的互动人数都在五十万以上，而且这种活动的资金投入非常少，形式新颖、简单，容易上手也容易传播，起到了非常好的互动效果，增强了粉丝的黏性；采用积分积累指定来激发粉丝的战胜欲望，从而提升互动率，实现了自身的推广目的。

案例十：37wan 游戏微信营销

运营模式：互动式

37wan 网页游戏平台是中国领先的游戏平台，现在已成为国内最受欢迎的网页游戏平台之一。37wan 微信公众号的启动时间为 2013 年 1 月，在早期的摸索阶段就已经积累了两万的微信粉丝。

游戏玩家可以通过关注 37wan 微信公众账号了解最新的游戏信息，也可以通过 37wan 洋葱头获得一些游戏的礼包，闲来无事的时候还可以"调戏一下" 37wan 洋葱头，或者是参加一些有奖活动等，37wan 洋葱头定期会给用户推送一些游戏的相关信息，如图 7-34 所示。

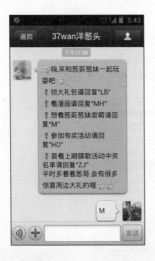

图 7-34

总结：据调查 37wan 官方微信的粉丝活跃度非常高，每天都会达到两万的信息接收量，而且游戏开发商还可以通过微信进行最新游戏的推广，并为微信用户提供一些优惠、礼包，或者是为微信用户提供一些特殊的服务，这样可以提升用户的依赖感，使用户的忠诚度和活跃度得到提升，同时还可以达到推广的作用。

案例十一： **百度贴吧微信营销**

运营模式： **互动式**

百度贴吧进驻微信公众平台也是比较早的，在早期的时候大家会称百度贴吧为"度娘"，利用微信的自定义回复设置了许多互动，利用自己资源丰富的优势向用户推送诙谐幽默的内容。

而且百度贴吧也做了许多的推广工作，例如在一些比较火的贴吧里放上自己的二维码，在自身的官方微博以及线下做一些活动进行广泛的推广宣传。此外，百度贴吧也会跟进社会热点，及时给粉丝推送最新的相关信息，或者推送一些有趣的内容，以增加用户的黏性，如图 7-35 所示。

图 7-36 所示为最近的百度贴吧互动内容，在刚关注百度贴吧的时候会推送一条菜单消息，并在最后利用大家的逆反心理以及好奇心提示大家

图 7-35

不要回复 2，由于我真的很好奇，就回复了 2，结果反而被百度贴吧"调戏"了。

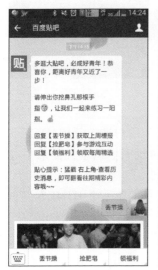  

图 7-36

总结：作为网络社交类的品牌账号，百度贴吧做的比较成功，充分利用微信的自定义回复实现了与粉丝的趣味性互动；每天推送最近发生的或者是有趣的内容，既实现了自身品牌的推广，又提高了粉丝的活跃度和忠诚度。

俗话说"打江山容易守江山难"，随着后续的发展和更新，百度贴吧也从"度娘"转变到"小贴贴"，没有了"调戏"，这让我觉得有些遗憾，但它在内容方面还是保证了优质。

案例十二：手机网页游戏——多泡

运营模式：公众平台

下面再为大家介绍一个非常好玩的微信公众账号，说它是账号，它却可以实现手机玩网页游戏的功能，还不需要下载安装，想玩的时候直接拿出手机打开微信发送内容就可以玩相应的游戏了，如图 7–37 所示，而且里面的所有游戏都是免费的，这个账号就是"手机网页游戏（微信公众号为 duopaogame）"。

图 7–37

在手机网页游戏中除了可以玩游戏外，还会每周为用户推送精品 HTML 5 小游戏，以及各种有趣的活动。例如手机网页游戏针对玩家们的个性需求举办美女玩家私照、游戏 T 恤衬衫、宅男电台等。

总结：手机网页游戏的微信公众账号是微信平台上的第一个 HTML 5 网页游戏门户，是一支颠覆传统手机游戏玩法的先行部队。通过手机网页游戏公众号，想玩什么游戏就玩什么游戏，不用安装也不用考虑手机机型（只要是智能机可以上微信就行），而且玩家还不需要因为内存不足而删减游戏，既好玩又方便。另外，手机网页游戏所推荐的游戏全部是 HTML 5 游戏，基于 HTML 5 技术，不仅玩的流畅，还可以省去很多不必要的流量消耗。

据手机网页游戏的负责人说，该账号的点击量和活跃度都非常高。那么是不是可以说明在未来可能会出现由多泡引起的手机网页游戏新变革呢？

案例十三：10 岁小孩做微信月入千元

运营模式：微店

"羊妹家的艺术品均出自羊妹的纤纤肉手，件件孤品！"这段吆喝出自一家店名为"羊妹家 Art House"的微店，老板是一个今年 10 岁的五年级小学生，名叫桑妮，"羊妹"是她的小名。

这家微店通过微信朋友圈传播，卖的是桑妮的画作和自己做的手工艺品，而桑妮的妈妈王珏则出任代理店长，20 几天内就卖出近 1 000 元商品。

桑妮的妈妈王珏是重庆市第五十七中学的一名教师，桑妮的部分画作也被王珏整齐地收藏在学校的一间美术室里。

4 月 22 日下午，在这间美术室里，记者看到十余幅桑妮的精美布面画作，有的是用马克笔画的，有的则是用丙烯颜料画的。

"每个作品都只有一个哦！"桑妮用肉嘟嘟的小手拉着记者说。

王珏告诉记者，她也是一名美术爱好者，从桑妮一年级起，她就经常带桑妮去看一些艺术展，现在女儿的艺术作品已经有大大小小上百件。

王珏琢磨着找一个平台展示女儿的创意，后来在朋友的介绍下了解到一款名叫"微店"的 App，于是就萌生了给女儿开家网络商店的想法。

"当时我一说，女儿立刻激动地点头答应。"王珏说，为了不影响孩子的学习，她则当起了代理店长，负责产品销售，而桑妮制作产品，"但是产品的价格都是我们母女俩商量着定的"。

"开设微店的操作流程并不算复杂"王珏拿出手机给记者展示，下载好 App后，通过平台上传产品图，再配上相应的描述就行了，下单、付款都能在朋友圈里完成。

桑妮告诉记者，因为作品太多，不能每一件都摆上"货架"，于是挑选出了其中的 40 多件。

王珏笑着说，最麻烦的就是给作品拍照，整理上传图片，只是这个程序她就花了整整两个晚上。

王珏说，因为是通过朋友圈进行传播，所以买家大部分都是自己的朋友，从 3 月 27 日上线到现在，短短的 20 几天里，收入已经接近 1 000 元了，其中卖得最贵的一件是一幅 100 元的画作。

桑妮回忆说，卖出去的第一件作品是个马克杯，价格是 30 元，"我现在每天在家完成作业后，除了创作新的作品，还要定期更新"微店"的动态。

王珏说，自从开了微店，桑妮也成了学校里的小名人，还有小伙伴想找她

加盟，"我希望女儿快快成长，以后成为真正的店长"。

案例十四：小米客服推广 9∶100 万

运营模式：互动式

新媒体推广怎会少了小米的身影？"9∶100 万"的粉丝管理方式，据了解，小米手机的微信账号后台客服人员有 9 名，这 9 名职工最大的工作量是每天回复 100 万粉丝的留言。每天早上，当 9 名小米微信运营作业人员在计算机上翻开小米手机的微信账号后台，看到用户的留言，他们一天的工作也就开始了。

其实小米自己开发的微信后台可以主动抓取关键字回复，但小米微信的客服人员仍是进行一对一的回复，小米也是通过这样的办法大大提升了用户的品牌忠诚度。

当然，除了提升用户的忠诚度，微信做客服也给小米带来了实际的好处。黎万强表示，微信使得小米的推广、CRM 本钱初步降低，昔日小米做活动一般会群发短信，100 万条短信发出去便是 4 万元钱的本钱，微信做客服的效果可见一斑。

第 8 章

微信支付功能

微信支付是由微信及第三方支付平台——财付通联合推出的移动支付创新产品，其意义在于为广大微信用户及商户提供更优质的支付服务。

8.1　初识微信支付

微信支付是由腾讯公司知名即时通讯服务免费聊天软件——微信（Wechat）及腾讯旗下第三方支付平台——财付通（Tenpay）联合推出的互联网创新支付产品。有了微信支付，用户的智能手机就成为了一个全能钱包，用户不仅可以通过微信与好友进行沟通和分享，还可以通过微信支付购买合作商户的商品及服务。

微信支付以绑定银行卡的快捷支付为基础向用户提供安全、快捷、高效的支付服务。

8.1.1　微信支付规则

微信支付规则如下：

（1）用户在绑定银行卡时需要验证持卡人本人的实名信息，即姓名、身份证号的信息。

（2）一个微信号只能绑定一个实名信息，绑定银行卡后实名信息将不能进行更改，即使解除银行卡也无法删除实名信息绑定关系。

（3）同一张身份证件号码最多只能注册10个（包含10个）微信支付账号。

（4）一张银行卡或者信用卡最多可以绑定3个微信号。

（5）一个微信号最多可以绑定10张银行卡或信用卡。

（6）一个微信账号中的支付密码只能设置一个。

（7）银行卡无须开通网银（中国银行、工商银行除外），只要在银行中有预留手机号码即可绑定微信支付。

（8）如果同一张银行卡或信用卡在进行绑定时验证信息错了3次，该银行卡或信用卡将被冻结3个小时，但是用户可以更换其他的卡进行绑定操作。

（9）如果一天内连续输错了10次密码（不累计），该微信支付账号会被冻结；过了当天24点，则将自动解冻。

> 提示：微信账号一旦绑定银行卡或信用卡成功，该微信账号将无法绑定其他姓名的银行卡或信用卡，所以用户请谨慎操作。

8.1.2　微信支付所支持的银行

微信支付功能并不支持所有银行的银行卡，表8-1所示为微信支付所支持的储蓄卡和信用卡。

> 提示：开通微信支付，银行和微信官方都不会收取用户任何手续费，部分银行绑卡时会扣除一分钱验证，但绑定完成后会退还。

表 8-1

银行	储蓄卡（借记卡）	信用卡（贷记卡）
中国银行	支持	支持
招商银行	支持	支持
建设银行	支持	支持
光大银行	支持	支持
中信银行	支持	支持
工商银行	支持	支持
农业银行	支持	支持
广发银行	支持	支持
平安银行	支持	支持
深圳发展银行	暂不支持	支持
兴业银行	支持	支持
宁波银行	暂不支持	支持

8.2　绑定和解除银行卡

微信的支付功能可谓亮点十足，使用该功能可以绑定银行卡进行消费支付，畅享移动支付的新体验。下面将向大家介绍如何绑定银行卡，实现微信银行卡的快捷的支付。

8.2.1　绑定银行卡

01. 启动微信，进入"我"界面，在该界面中点击"钱包"，如图 8-1 所示，进入"我的钱包"界面，然后点击右上角的"扩展"按钮，如图 8-2 所示。

图 8-1

图 8-2

02. 点击"添加银行卡",在弹出的"添加银行卡"界面中输入用本人身份证办理的正在使用的银行卡卡号,如图8-3所示。

图 8-3

03. 点击"下一步"按钮,在弹出的"填写银行卡信息"界面中输入姓名、身份证号和手机号等信息。需要注意的是,这些信息必须与预留在银行的信息一致,如图8-4所示。

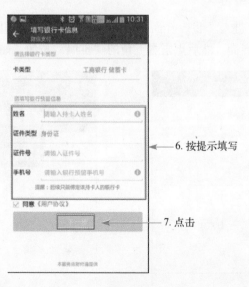

图 8-4

04. 点击"下一步"按钮，在弹出的"验证手机号"界面中点击"获取验证码"按钮获取手机验证码，如图 8-5 所示，稍等片刻会收到系统自动发出的验证短信，如图 8-6 所示。

图 8-5

图 8-6

05. 进入到微信软件的界面中，在"验证码"文本框中输入刚刚收到的短信验证码，如图 8-7 所示。点击"下一步"按钮，即可进行验证加载，如图 8-8 所示。

图 8-7

图 8-8

提示：有些手机会自动将收到的验证码填入验证文本框中。

06. 进入"设置支付密码"界面，在该界面中用户可以设置一个纯数字的支付密码，该密码是微信支付付款时的密码，如图8-9所示。

图8-9

07. 点击"完成"按钮进行加载，如图8-10所示。稍等片刻，点击"钱包"按钮，可以查看银行卡的绑定，如图8-11所示。

图8-10   图8-11

8.2.2　解除银行卡的绑定

01. 进入"我的钱包"界面，点击"钱包"，如图 8-12 所示。然后点击银行卡区域的颜色块部分，进入"钱包"界面，如图 8-13 所示。

图 8-12

图 8-13

> 提示：银行卡的颜色块区域会根据绑定的银行卡改变颜色块的颜色，例如工商银行的颜色块为红色，农业银行的颜色块为绿色，建设银行的颜色块为蓝色等。

02. 点击"银行卡详情"界面右上角的"扩展"按钮，在界面的下方会自动弹出选项菜单，如图 8-14 所示。

图 8-14

03. 点击"解除绑定",弹出"验证支付密码"界面,如图 8-15 所示,在该界面的文本框中输入微信支付的密码,如图 8-16 所示。

图 8-15

图 8-16

04. 输入支付密码后,界面自动转换到"我的钱包"界面,点击"钱包",进入"钱包"界面,可以看到已经解除了之前绑定的银行卡,如图 8-17 所示。

图 8-17

8.3 进行支付前的准备

使用微信支付可以非常方便地实现一些支付操作，例如手机交话费、Q 币支付、QQ 业务开通、订餐以及网上扫码支付等，怎么样？是不是非常想试一试？但是在支付前还需要对微信支付账号进行一定的设置，下面向用户介绍进行支付前的准备操作。

8.3.1 修改支付密码

01. 进入"我的钱包"界面，如图 8-18 所示，点击该界面右上角的"扩展"按钮，弹出扩展菜单，如图 8-19 所示。

图 8-18

图 8-19

02. 点击"密码管理"，弹出"密码管理"界面，如图 8-20 所示。在该界面中点击"修改支付密码"，弹出"验证支付密码"界面，在该界面中输入现在正在使用的支付密码，如图 8-21 所示。

03. 进入到"设置支付密码"界面，在该界面中输入需要修改的支付密码，如图 8-22 所示，然后在新的界面中输入新的支付密码，如图 8-23 所示。

04. 点击"完成"按钮，微信将自动加载，稍等片刻即可完成支付密码的修改操作，界面跳转到"我的钱包"界面，如图 8-24 所示。

图 8-20

图 8-21

图 8-22

图 8-23

图 8-24

8.3.2　忘记支付密码，如何找回

01.进入"我的钱包"界面，如图 8-25 所示，点击该界面右上角的"扩展"按钮，弹出扩展菜单，如图 8-26 所示。

图 8-25

图 8-26

02.点击"密码管理"，弹出"密码管理"界面，如图 8-27 所示。在该界面中点击"忘记支付密码"，弹出"忘记支付密码"界面，在该界面中选择一张用户绑定的银行卡，如图 8-28 所示。

图 8-27

图 8-28

03. 点击"下一步"按钮，进入到"填写银行卡信息"界面，在该界面中输入刚刚选择的银行卡的各种信息，如图8-29所示。点击"下一步"按钮，进入"验证手机号"界面，微信将自动发出验证信息，如图8-30所示。

7. 根据提示填写——→

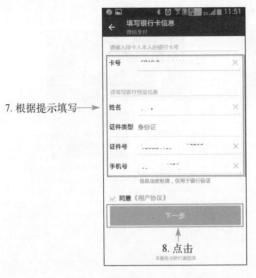

图 8-29　　　　　　　　　　　　　图 8-30

04. 稍等片刻，用户就可以收到系统自动发出的验证短信，如图8-31所示。再次进入到微信软件中，在验证文本框中输入刚刚收到的验证信息，如图8-32所示。

图 8-31　　　　　　　　　　　　　图 8-32

05. 点击"下一步"按钮，进入到"设置支付密码"界面，在该界面中设置新的支付密码，如图8-33所示。设置完成后，在新的界面中输入新的支付密码，如图8-34所示。最后点击"完成"按钮，即可完成支付密码的找回操作。

图 8-33

图 8-34

8.3.3 开启手势密码

01. 进入"我的钱包"界面，如图8-35所示，点击该界面右上角的"扩展"按钮，弹出扩展菜单，如图8-36所示。

图 8-35

图 8-36

02. 点击"密码管理",弹出"密码管理"界面,如图 8-37 所示。在该界面中点击"手势密码",弹出"验证支付密码"界面,在该界面中输入现在正在使用的支付密码,如图 8-38 所示。

图 8-37

图 8-38

03. 进入到"开启手势密码"界面,设置手势密码,如图 8-39 所示。在新的界面中输入新的手势密码,如图 8-40 所示,此时手势密码功能已开启。

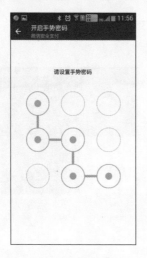

图 8-39

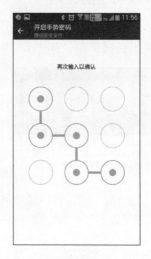

图 8-40

8.3.4 修改手势密码

修改手势密码是在开启手势密码的情况下才有的设置。修改手势密码的方法如下:

01. 进入"我的钱包"界面，如图 8-41 所示，点击该界面右上角的"扩展"按钮，弹出扩展菜单，如图 8-42 所示。

图 8-41   图 8-42

02. 点击"密码管理"，弹出"密码管理"界面，如图 8-43 所示。在该界面中点击"修改手势密码"，弹出"手势密码"界面，输入原手势密码，如图 8-44 所示。

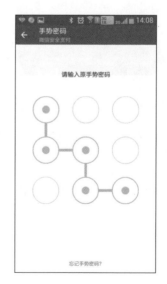

图 8-43   图 8-44

03. 进入到"修改手势密码"界面，设置手势密码，如图 8-45 所示。然后在新的界面中再次输入新的手势密码，如图 8-46 所示。至此，手势密码已开启。

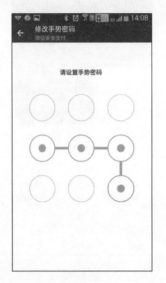

图 8-45

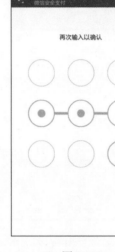

图 8-46

8.3.5　查看支付额度

01. 启动微信，进入"我"界面，在该界面中点击"钱包"，如图 8-47 所示。进入"我的钱包"界面，点击"钱包"，如图 8-48 所示。

图 8-47

图 8-48

02. 点击银行卡区域的颜色块部分，进入"银行卡详情"界面，如图8-49所示，在该界面中显示了银行卡的每日限额和单笔限额。

图8-49

> 提示：微信支付的单日额度限制和单笔额度限制都是由银行规定的，与微信支付没有关系，如果用户需要修改限额，请与银行联系。

8.4　进行支付

前面已经为用户介绍了支付前需要了解的规则以及一些必要的操作，下面向用户介绍如何使用微信进行支付。

8.4.1　线下扫码支付

线下支付是相对于网上支付的一种支付方式。网上支付一般是通过第三方支付平台实现的，例如支付宝、财付通和快钱等。而不通过网上支付的支付方式基本上都可以称为"线下支付"，具体方式有货到付款、邮局汇款、银行转账和当面交易等。

货到付款是指卖方通过快递等物流机构代为收取货款，以快递送货为例，当货物送达买方，买方签收货物时把货款支付给快递公司，再由快递公司支付给卖方。

邮局汇款和银行转账是指买家要购买商品，在与商家谈好购买价格后，可以通过商户提供的邮局账户或银行账户汇去物品货款。卖方在收到货款的第一时间或在限定时间内向买方发货。买家收到货物，确认无误后交易结束。

当面交易是指买方卖方在距离上比较近，或为了保证货物安全等需要当面交付。同城交易基本上是当面交易。

而微信的线下扫码支付和刷卡消费有些相似，当卖家将货物送达买家后，买家直接使用微信的"扫一扫"功能扫描卖家提供的二维码，如图8-50所示。扫描完成后会自动切换到"确认交易"界面，在该界面中显示了需要支付的金额、收款方和商品等信息，如图8-51所示。

图8-50

图8-51

点击"支付"按钮，在界面中弹出"请输入支付密码"对话框，在该对话框中输入支付密码，如图8-52所示。点击"支付"按钮，进入到"交易详情"界面，单击界面右上角的"完成"按钮，即可完成整个线下扫码支付的流程，如图8-53所示。

图8-52

图8-53

8.4.2　Web 扫码支付

Web 扫码支付就是直接使用计算机浏览网页进行购物，在付款时使用微信的"扫一扫"功能扫描商家提供的二维码进行支付。

01. 如果想使用 Web 扫码支付，用户首先需要在支持微信扫码支付的购物网站选购商品，如图 8-54 所示。

图 8-54

提示：目前支持微信扫码支付的网站有腾讯业务开通、腾讯手机话费充值以及易迅购物网站和高朋购物网站等。

02. 将鼠标指针移动到二维码上，二维码自动放大，如图 8-55 所示。打开微信软件，启动"扫一扫"功能，并扫描计算机屏幕中的二维码，如图 8-56 所示。

图 8-55　　　　　　　　　　　　　　图 8-56

03. 扫描完成后自动进入到"确认交易"界面，在该界面中显示了商品的信息和收货地址，如图 8-57 所示。点击"请选择收货地址"，进入到"收货地址"界面,如果没有收货地址,需要点击"新增收货地址",如图 8-58 所示。

图 8-57

图 8-58

04. 在进入的"新增收货地址"界面中填写收货人、地区信息、详细地址、联系电话和邮政编码等信息,如图 8-59 所示。点击"保存"按钮,返回到"收货地址"界面,可以看到一条刚刚生成的收货地址,选择这条收货地址,如图 8-60 所示。

图 8-59

图 8-60

05. 点击界面右上角的"完成"按钮,进入到"确认交易"界面,如图 8-61 所示。点击"微信支付"按钮,弹出"请输入支付密码"对话框,在该对话框中输入支付密码,点击"支付"按钮,即可完成 Web 扫码支付的全部过程,如图 8-62 所示。

图 8-61

图 8-62

8.4.3 公众号支付

公众号支付是指用户在微信中关注商家的微信公众号，然后在商家的微信公众号内完成商品和服务的支付购买。

01. 启动微信，进入"通讯录"界面，在该界面中点击"公众号"，如图 8-63 所示，进入"公众号"界面，然后点击该界面右上角的"添加"按钮，如图 8-64 所示。

图 8-63

图 8-64

02. 进入到"查找公众号"界面，如图 8-65 所示。在该界面的搜索文本框中输入需要购买的商品的公众号，例如麦当劳、QQ 充值和小米手机预定等，本例中查找"QQ 充值"公众号，如图 8-66 所示。

图 8-65

图 8-66

03. 点击"QQ 充值"，进入到"详细资料"界面，如图 8-67 所示，点击"关注"按钮。进入到"QQ 充值"界面，在该界面中点击"进入公众号"，如图 8-68 所示。

图 8-67

图 8-68

04. 进入到"QQ 充值"界面，在该界面中点击下方的"流量"按钮，如图 8-69 所示。在进入到的界面中输入充值的号码和所充的面值，如图 8-70 所示，点击"立即支付"按钮。

图 8-69

图 8-70

05. 支付前会弹出"更换支付方式"选项，如图 8-71 所示。选择其中一种支付方式，在弹出的"请输入支付密码"对话框中输入支付密码，如图 8-72 所示，软件会自动加载支付。

图 8-71

图 8-72

06. 进入到"交易详情"界面，在该界面中显示了商品的详情和交易的金额等，如图 8-73 所示，点击"完成"按钮，进入到"订单已确认"界面，完成整个公众号支付的操作，如图 8-74 所示。

图 8-73

图 8-74

8.4.4 手机话费充值

微信支付功能还自带了一些支付项目，例如手机话费充值、京东精选、彩票、腾讯公益、滴滴打车和 Q 币充值等。

01. 启动微信，进入"我"界面，在该界面中点击"钱包"，如图 8-75 所示，进入"我的钱包"界面，如图 8-76 所示。

图 8-75

图 8-76

02. 点击该界面中的"手机话费充值",打开"手机话费充值"界面,在该界面中输入手机号码,如图 8-77 所示。点击金额,可以输入要充的金额,如图 8-78 所示,然后点击"立即充值"按钮。

图 8-77　　　　　　　　　　　　图 8-78

03. 在弹出的"请输入支付密码"对话框中输入支付密码,如图 8-79 所示。点击"支付"按钮,进入到"交易详情"界面,完成手机话费充值的整个过程,如图 8-80 所示。

图 8-79　　　　　　　　　　　　图 8-80

8.4.5 在微信中选购商品

01. 启动微信，进入"我"界面，在该界面中点击"钱包"，如图8-81所示，进入"我的钱包"界面，如图8-82所示。

图8-81

图8-82

02. 点击界面中的"京东精选"，打开"京东商城"界面，在该界面中选择想要购买的商品，如图8-83所示。然后点击"立即购买"，进入到"确认订单"界面，如图8-84所示。

图8-83

图8-84

03. 点击该界面中的"微信支付"按钮，在弹出的"请输入支付密码"对话框中输入支付密码，如图8-85所示，完成支付。

使用微信购物不仅可以在"钱包"里的"京东精选"中选购商品,还可以在"发现"界面中的"购物"选项中选购商品,如图8-86所示。

图8-85

图8-86

8.4.6 捐助腾讯公益

腾讯公益是慈善基金会,属于国家民政部门主管的全国性非公募基金,腾讯公司初期投入2 000多万元人民币用于该项目的启动。

其宗旨为致力于公益慈善事业、关爱青少年成长、倡导企业公民责任和推动社会和谐进步。该基金会面向社会实施慈善救助和开展公益活动,除了将大力参与救灾、扶贫和帮困等社会慈善事业外,还将积极地为青少年的健康成长和教育提供帮助。

> 提示:腾讯公益慈善基金会一直致力于深度融合互联网与公益慈善事业,利用网络的力量让公益和民众互动起来,使大众成为公益主角,从而缔造"人人可公益,民众齐参与"的公益模式。

下面将以"贫困儿童助养"项目为模板向用户介绍如何进行捐助,捐助其他项目的步骤基本上相同。

> 提示:腾讯公益的慈善项目包括扶贫济困、救孤助残、赈灾救援和抗击疫情等社会公益慈善活动。

01. 点击"我的银行卡"界面中的"腾讯公益",进入到"腾讯公益"界面,如图8-87所示,在该界面中点击"贫困孤儿助养",进入到该项目的详细介绍,点击"我要捐款"按钮,如图8-88所示。

图 8-87

图 8-88

02. 输入捐入的金额，点击"立刻捐款"按钮，如图 8-89 所示。弹出"请输入支付密码"对话框，在该对话框中输入支付密码，如图 8-90 所示。然后点击对话框中的"支付"按钮，进入到"交易详情"界面，如图 8-91 所示。

图 8-89

图 8-90

图 8-91

03. 点击界面右上角的"完成"按钮，完成捐助，如图 8-92 所示。然后点击右上角的"返回"按钮，返回"我的钱包"界面，如图 8-93 所示。

图 8-92

图 8-93

8.4.7　AA 收款

微信推出 AA 收款服务号，用户通过"AA 收款"服务号可以在聚餐、娱乐等多种场合下通过微信支付实现 AA 付款。

启动微信，进入"我"界面，在该界面中点击"钱包"，如图 8-94 所示，进入"我的钱包"界面，如图 8-95 所示。

图 8-94

图 8-95

点击界面中的"AA 收款"，打开"AA 收款"界面，如图 8-96 所示。在

"AA收款"界面中有小伙伴聚餐、小伙伴活动和普通收款3种AA收款。点击"小伙伴聚餐"进入如图8-97所示的界面，点击"小伙伴活动"进入如图8-98所示的界面，点击"普通收款"进入如图8-99所示的界面。

图8-96

图8-97

图8-98

图8-99

小伙伴聚餐、小伙伴活动和普通收款3种AA收款的方式是一样的，下面以"小伙伴聚餐"为例进行介绍，操作步骤如下：

01. 启动微信，进入"我"界面，在该界面中点击"钱包"，如图8-100所示，进入"我的钱包"界面，如图 8-101 所示。

图 8-100　　　　　　　　　　　图 8-101

02. 点击界面中的"AA 收款"，打开"AA 收款"界面，在"AA 收款"界面中点击"小伙伴聚餐"，进入到"AA 收款"填写内容界面，如图 8-102 所示。

图 8-102

03. 根据提示填写内容后点击"确定"按钮，如图 8-103 所示。进入到如图 8-104 所示的界面，点击"向小伙伴们发起 AA 收款"按钮或者"扫一扫

AA"按钮。

图 8-103　　　　　　　　　　　图 8-104

04. 这里点击"向小伙伴们发起 AA 收款",然后点击右上角的"扩展"按钮,再点击"发送给朋友",如图 8-105 所示。

图 8-105

05. 在"选择"界面中选择要发送的好友,如图 8-106 所示。在提示框中输入想说的话,点击"发送"按钮发送,如图 8-107 所示。

图 8-106　　　　　　　　　　　　图 8-107

06. 若点击"扫一扫 AA",界面跳转出现 AA 二维码,如图 8-108 所示。点击界面右上角的"扩展"按钮,然后点击"发送给朋友",如图 8-109 所示。接着选择好友,点击"发送"。

图 8-108　　　　　　　　　　　　图 8-109

07. 好友收到消息后,点开消息进入到如图 8-110 所示的界面。点击提示框中的"知道了"按钮,进入到"AA 收款"界面,点击"AA20.00 元给拥抱错过的勇气"按钮,如图 8-111 所示。

图 8-110

图 8-111

08. 弹出提示框, 如图 8-112 所示。点击"确定"按钮, 进入到"选择支付方式"界面, 选择银行卡完成支付, 如图 8-113 所示。

图 8-112

图 8-113

8.4.8 使用微信购买电影票

01. 启动微信, 进入"我"界面, 在该界面中点击"钱包", 如图 8-114 所示, 进入"我的钱包"界面, 如图 8-115 所示。

图 8-114

图 8-115

02. 点击"电影票"进入到"微信电影票"界面，在该界面中选择想要购买的电影票，如图 8-116 所示，进入电影的具体介绍界面，如图 8-117 所示。

图 8-116

图 8-117

03. 点击"立即购票"按钮，进入到"在线选座影院"界面，如图 8-118 所示。选择一所电影院进入到该影院的具体介绍界面，然后选择要购买的某一时段的票，如图 8-119 所示。

图 8-118

图 8-119

04. 进入到"选择座位"界面，选择好座位后点击"选好了"按钮，如图 8-120 所示。进入到"支付订单"界面，点击"立即支付"按钮，如图 8-121 所示。接着在弹出的"更换支付方式"对话框中选择银行卡完成支付，如图 8-122 所示。

图 8-120

图 8-121

图 8-122

05. 在购买电影票时还可以购买"兑换券"，如图 8-123 所示。点击"买兑换券"按钮，选择要购买的电影票，如图 8-124 所示。

06. 进入到"兑换券"界面，点击"立即支付"按钮，如图 8-125 所示。

然后在弹出的"更换支付方式"对话框中选择银行卡完成支付，如图 8–126
所示。

图 8–123

图 8–124

图 8–125

图 8–126

8.4.9　使用微信购买机票、火车票

使用微信购买机票和火车票的方法是一样的，这里以购买机票为例进行介
绍，操作步骤如下：

01. 启动微信，进入"我"界面，在该界面中点击"钱包"，如图 8–127 所
示，进入"我的钱包"界面，如图 8–128 所示。

图 8-127

图 8-128

02. 进入到"同程旅游"界面，点击"机票"，根据提示填写出发城市、到达城市和出发日期，如图 8-129 所示。点击"查询"按钮，显示上海到北京的时间班次表，如图 8-130 所示。

图 8-129

图 8-130

03. 选择需要乘坐的班次，进入到提交订单界面，如图 8-131 所示。根据要求填写乘机人的信息和手机号码，然后点击"提交订单"按钮，如图 8-132 所示。

图 8-131

图 8-132

04. 进入到"微信支付"界面，如图 8-133 所示。点击"微信支付"按钮，在弹出的"更换支付方式"对话框中选择银行卡完成支付，如图 8-134 所示。

图 8-133

图 8-134

8.4.10　滴滴打车

对于"滴滴打车"大家已经不陌生了，下面介绍如何使用微信中的"滴滴打车"。

点击"我的钱包"界面中的"滴滴打车"，如图 8-135 所示。进入到"滴滴打车"界面，用户可以看到附近的出租车数量以及自己所在的位置，在要去的地方输入目的地，选择要付的小费，点击"叫出租车"按钮，如图 8-136 所示。

图 8-135

图 8-136

叫车成功后会显示司机姓名、所在出租公司、车牌号、所在方位和预计等待时间等信息。如果在一定时间内没有司机接单，会提示用户重新下单，如图 8-137 所示。等你上车后，到达目的地时，司机会在司机端输入本次打车的费用。点击"微信支付 立减 10 元"，弹出输入确认框，如图 8-138 所示。

图 8-137

图 8-138

确认框中显示的是本次的打车费用及支付方式，点击"微信支付"，依次输入支付密码，即可完成本次打车，如图 8-139 所示，也可以点击"现金支付"。

图 8-139

8.4.11 面对面收钱

在微信的不断更新中增添了"面对面收钱"功能，下面一起来学习怎么面对面收钱。

01. 点击"我的钱包"界面中的"转账"，如图 8-140 所示。弹出两种方式进行转账，这里点击"面对面收钱"，如图 8-141 所示。

图 8-140

图 8-141

02. 进入到"面对面收钱"界面，点击右上角的"设置金额"按钮，如图 8-142 所示。进入到"设置金额"界面，如图 8-143 所示，点击"确定"按钮完成设置。

图 8-142   图 8-143

03. 进入到"面对面收钱"界面，输入的金额会在二维码下方显示，如图 8-144 所示。好友扫一扫二维码，让好友进行支付，支付完成以后，收到的钱就存入你的微信钱包中了。

图 8-144

8.4.12 微信刷卡消费

在 2014 年 9 月的微信 5.4 版本中增添了"刷卡"功能。开通"刷卡"功能之后，再点击"刷卡"会显示条形码和二维码，用商户带扫码功能的 POS 机可直接扫描，目前可选择零钱和已绑定储蓄卡支付，暂不支持信用卡支付。为了保障交易的安全，条形码和二维码也会在每分钟自动更新一次。

01. 点击"我的钱包"界面中的"刷卡"，如图 8-145 所示，进入到"刷卡"界面，如图 8-146 所示。

图 8-145

图 8-146

02. 第一次刷卡时需要先输入微信支付密码，如图 8-147 所示。商家会用扫码枪或者摄像头快速扫描用户的二维码（或条形码）完成交易，如图 8-148 所示。

图 8-147　　　　　　　　　　　　图 8-148

下面是目前暂时与微信支付合作的商家，如图 8-149 和图 8-150 所示。

图 8-149　　　　　　　　　　图 8-150

8.5　交易记录

微信支付完成后可能会遇到无法收到商品的情况，例如充话费、Q币后却没有充值金额到账，这时候用户就可以通过交易记录来查询是否交易成功。那么怎么查询呢？下面我们一起来看看如何操作。

8.5.1　查看交易记录

01. 启动微信，进入"我"界面，在该界面中点击"钱包"，如图 8-151 所示，进入"我的钱包"界面，如图 8-152 所示。

图 8-151　　　　　　　　　　图 8-152

02. 点击"交易记录"，进入到"交易记录"界面，在该界面中显示了用户所有的交易记录，如图8–153所示。

图 8–153

8.5.2　删除交易记录

删除交易记录的方法非常简单，用户只需长按想要删除的交易记录，在弹出的"删除该交易消息"对话框中，点击"删除"按钮，如图8–154所示，即可完成交易记录的删除，如图8–155所示。

图 8–154

图 8–155

8.6　微信卡包

微信5.5中增添了卡包功能，它是一款能够提高卡券使用的便捷和易用性的 App，可以将银行卡、优惠券、电影票、会员卡等信息存入卡包当中。

8.6.1　微信卡包是什么

微信卡包可以聚合用户传统实物钱包里存在的银行卡、优惠券、电影票和会员卡等信息，也就是说用户可以将自己所得到的优惠券等其他信息随意转赠给好友。消费者只要使用手机就可以随时随地支付并使用会员卡及优惠券，这样增加了卡券使用的便捷和易用性。

8.6.2　微信卡包的功能

微信卡包的第一个功能是用来管理银行卡、优惠券等信息。第二个功能是将各个商家或者公众号的优惠券或者卡券全部集中到卡券菜单里显示。

以后我们可以不用领取纸质的优惠券了，只要扫描二维码就能获取优惠券。

8.6.3　领取卡券的途径

下面介绍几种领取卡券的途径。

（1）公众号：订阅商家的公众号、应用程序。

（2）扫描二维码：扫描商家的卡券上的二维码。

（3）卡券获取网页：通过其他卡券网页获取卡券。

（4）获赠：最快捷好玩的方式是获得好友的卡券转赠。

8.6.4　微信卡券的使用方法

卡包的使用方法有 3 种：到店消费时向商家出示卡券、直接使用消费的卡券和赠送给好友卡券。赠送给好友卡券的方法如下：

01. 启动微信，进入"我"界面，在该界面中点击"卡包"，如图 8-156 所示，进入"卡包"界面，如图 8-157 所示。

02. 选择一张要赠送给好友的优惠券，如图 8-158 所示，打开优惠券，点击右上角的"扩展"按钮，在列表中点击"赠送给朋友"，如图 8-159 所示，或者点击卡券右上角的"赠送"按钮。

03. 在弹出的"选择"界面中点击"创建新聊天"，如图 8-160 所示。在"选择联系人"界面中选择好友，点击"确定"按钮，如图 8-161 所示。

图 8-156

图 8-157

图 8-158

图 8-159

04. 弹出"赠送了一张优惠券"提示框，在文本框中输入想要对好友说的话，点击"发送"按钮即可发送，如图 8-162 所示。进入到"卡包"界面，此时送出的卡券消失，如图 8-163 所示。

> 提示：目前卡包主要针对微信公众服务号开放，且商户必须申请相应的接口，另外会员卡及优惠券发起、验证管理系统必须由商家自己提供，微信只提供接口服务。

图 8-160

图 8-161

图 8-162

图 8-163

附　录

微信交友技巧

微信是一款非常好的交友工具，但交友的时候要根据经验来判断是否存在欺骗，防止自己被骗。本节给用户提供了一些陌生人交友时需要用到的技巧，首先用户要了解怎样才能吸引别人的注意。

设置一个吸引人的头像

在双方都没有进行深入了解之前，最能够吸引别人眼球的就是头像了。下面让我们一起来欣赏几种常见但非常具有个性的微信头像，如附表1所示。

附表1

头　　像	说　　明
	该头像是一种较唯美的人物写真图像，这类图像大多能够给人一种亲切、阳光、靓丽、友好的气息，例如本例所展示的是一个女孩在公园摘花的情景，可以想象这一定是一个清纯靓丽的女孩，设置这样的图片作为自己的头像一定会给人一种亲切、平易近人的感觉，人气也一定很旺
	该头像是一种漫画黑白图像，这类图像大多能够给人一种酷炫、个性、张扬以及神秘的感觉，例如本例中的图像，是不是感觉对方很有个性呢？看到这样一张头像很想点击看一下这会是一个什么样的人吧？同时黑白的格调也使得这种神秘气息更加浓重，赶紧过去打个招呼吧
	明星头像是明星粉丝的最爱。本例中的这位微信用户，他的偶像一定是EXO乐队！怎么样，有EXO的粉丝吗？赶快添加吧，让我们一起畅聊韩国的欧巴吧
	哇，好美啊！请问这位微信用户在哪里？这样一张风景图像，可以想象该用户一定是一个很喜欢旅行的人，不知道这是刚去完的地方还是很想要去的地方？这张图片展示的是一座唯美的城堡，该用户会不会是一个想要生活在童话世界里的梦幻公主呢？这么唯美的头像，赶快和她成为好友吧

设置个性签名

个性签名是陌生人了解你的另一个窗口，个性签名可以展示自己的个性，让他人了解你的性格。当通过"摇一摇"或者"漂流瓶"等途径被他人看到时，个性签名是除了头像之外你唯一的传递信息的机会。设置一个好的个性签名，在寻找好友时点击率也一定会很高。

下面给大家展示几个最近网上比较火的微信个性签名："只有自己变得强大，才不会被别人践踏"、"每个人都会累，没人能为你承担所有的伤悲，人总有那么一段时间要学会自己长大"、"爱上一座城，因为里面有我喜欢的人"。如附图 1 所示，该微信用户设置的个性签名给人的感觉很伤感，有种很特别的情感气息。

主动打招呼

在使用微信和陌生人聊天时，打招呼也是需要技巧的，如果只是简单地说"你好"之类的语言，那是很容易被忽略的，所以打招呼时最好说一些比较容易引起他人注意，或者可以说一个话题，比如"你附近有什么旅游景点吗？"之类，那样收到回复的几率会大得多，就会很容易由陌生人变为好友了，如附图 2 所示。

附图 1

附图 2

说话时要注意

在和陌生人使用语音聊天时一定要注意自己的语速，语速太快，对方容易听不清楚你讲的话，所以语速一定要适中。还要切记不要在嘈杂的环境下进行语音录音，那样对方在收到语音时打开会听到很多杂音，如果重复多次对方仍听不清楚你发的语音，便会失去耐心，不再回复。

不要涉及对方隐私

在网上和陌生人聊天时，虽然大家不会有任何的距离感，可以自由发言，但是初次和其他用户聊天时不要太多地询问对方的隐私，这是一种不礼貌的表现，很容易让人产生一种厌恶感，所以在和陌生人交流的过程中不要问太多的隐私，可以多聊一聊兴趣爱好之类的话题。

话题技巧

在刚开始和陌生好友聊天时，大多数人可能都会遇到不知道聊什么的问题，觉得只能简单地和好友聊几句，之后就没话说了。其实和陌生好友交流话题也是有很多技巧的，下面我们来看一段对话。

A：你好，很高兴认识你！

B：你好！

A：你是做什么工作的啊？（提出一个话题）

B：销售。

A：你那儿天气好吗？（又提出一个话题）

B：一般。

A：你现在干嘛呢？（又提出一个话题）

B：看电视。

A：……（没话题可讲了，因为这种单方面的引导话题会让你也失去耐心）

这是一段很枯燥乏味，没有一点新意的交流，只是A在想话题，一个接一个地问问题，没有一点连贯性，结果问着问着，A也不知道该说什么了。这样聊天，很快就会陷入僵局。接下来我们再看一段对话。

A：你吃饭了吗？（提出一个话题）

B：吃了啊。

A：吃的什么啊？

B：牛肉面啊。

A：你自己做的吗？

B：我不会做饭，买的啊。

A：你自己不会做饭吗，一个女孩子家家的，怎么连饭都不会做，看你怎么嫁出去。

B：不想做，以前都是妈妈做的。

A：以前是以前嘛，现在是现在，你已经长大了啊，女孩子要学会做饭的，你当人家老婆不做饭的吗？

B：我还没想好嫁人呢。

A：你妈妈很疼你吧。

B：我妈妈很疼我的啊。我是最小的嘛，当然疼我了。

A：你是最小的？你还有兄弟姐妹？

B：我姐姐啊。

A：你现在还没想过要嫁给什么样的人吗？

B：还没想好呢。

A：那你的标准是什么呢？

B：我的标准嘛是……BLABLABLAL……（一大堆）

A：你喜欢买东西，喜欢去购物吗？

B：喜欢啊，超级喜欢的。

从这段谈话可以看出，A是一个情商很高，很健谈的人，他们之间的谈话都是由一个话题展开，然后聊到了多个话题，这种聊天方式会让对方觉得有话可聊，而且聊的话题都有关联性，这样双方就会越来越熟悉，很快就可以成为好友了。

微信交友需注意安全

由于微信有"摇一摇"、查看"附近的人"等功能，可以迅速认识周围的陌生人，被很多年轻人视为"交友利器"。然而，它却频频被不法分子利用，成为诈骗、盗窃等案件的工具。多地警方发出预警，提醒微信用户，尤其是年轻女性，提高警惕，切勿轻信陌生"微友"，以免造成不必要的伤害。

微信交友安全需要注意4个方面

在使用微信交友时需注意以下几个方面：

（1）不要轻易谈及账号、密码及财产问题，需要做到以下几点。

- 及时将自己的微信与手机号码、邮箱等绑定，防止丢失账号密码。
- 不要轻易打开聊天中别人发送的链接，防止病毒传播。
- 不要在非官方网站或者是不信任的网站上输入微信的密码，防止密码泄露；在使用微信与好友聊天的过程中，如果聊天内容涉及财产安全信息，如网银、转账和密码等，不要轻易相信，一定要先通过语音和视频核实好友身份，确保聊天信息的真实安全和财产不损失。如好友发来"XXX我的网银余额不足了，能帮我付一下吗？"，此时一定要亲自通过电话等信息确认，严防诈骗。

（2）不要轻易向陌生人透露自己的个人信息，合理设置软件的隐私，需要做到以下几点。

- 使用了微信"附近的人"功能后，如果不想被打扰可以在"附近的人"界面点击右上方的"扩展"按钮，选择"清除位置并退出"，这样就不会暴露自己的位置信息，附近的其他微信用户也就看不到你的信息了，如附图 3 所示。

附图 3

- 在隐私设置里可以关闭"通过手机号搜索到我",关闭"允许陌生人查看十张照片",点击"加我为朋友时需要验证"。

（3）好友交往时需要提高警惕，注意保护自己。

- 加好友时注意筛选，对于没有头像、没有相册和没有个性签名的用户不要添加，对于虚假头像、冒充的头像要慎重考虑，严加防范。

- 理性交友，不要轻易相信陌生网友并与之见面，约见"网友"时要保持足够警惕，不要被对方的言语轻易蒙蔽；要摸清对方的真实情况，确认无误才能真正相信对方；为了安全起见，约见地点应选择公共场所，并有亲友相伴随行，相互有个照应；在攀谈中，应避免泄露个人或家庭的财产状况，切忌炫富。

（4）如果发现不发分子一定要举报。

对于行为恶劣的用户要举报，例如对传播色情、暴力、辱骂和诈骗等信息的用户要及时举报，微信团队核实后将对其进行处理，情节严重的将被永久封号。

在通讯录黑名单中点击相应的用户可进入附图 4 所示的界面，点击"举报"可以完成举报。

附图 4

微信诈骗案例

近些年来，随着网络的飞速发展，网上聊天越来越受到大家的欢迎，但是一些骗子也由此发现了"商机"，所以网络诈骗的案件越来越多。微信作为一款颇受年轻人喜欢的聊天工具同样招来了一些不法分子，下面我们通过案例来了解。

案例一：微信遇上"桃花运"，男子被骗

江先生在泉州工作已经 5 年。"外地人想要找本地的女孩不太容易，我就想找一个愿意好好过日子，能够长期待在泉州的女孩。因为在泉州的人脉不是很广，所以我常常通过微信交朋友，之前也交到了一些能够聊得来，甚至算得上交心的朋友。"

两个月后，江先生和女孩在一家咖啡厅里见了面，双方相谈甚欢。从咖啡厅出来后，女孩提议到她的租屋里坐一坐。江先生求之不得，马上同意了。

没想到刚刚进屋不久，一个自称是女孩弟弟的男孩进门开始大闹，要姐姐和"未来姐夫"给 8 000 元钱，称有急用。女孩表示自己没钱，冷漠地出了门。女孩的弟弟则抓住江先生称，想娶自己的姐姐就得给钱，否则就要动手。

无奈之下，江先生到银行取了 8 000 元钱给女孩的弟弟。没想到从这以后，女孩微信不回、电话不接，玩起了失踪。这时，江先生才知道自己遇到了"仙人跳"。

案例二：浪漫邂逅的结果竟是骗局

"本以为是一场浪漫邂逅，谁知道会成这样。"2012 年 2 月，正在过寒假的大三女孩林昕谈了一场因微信开始的"恋爱"，后来才发现自己竟然"人财两空"，所谓的男朋友更像是个诈骗犯，拿着自己的 2 600 元钱消失得无影无踪。至今事情已经过去了 4 个月，林昕依然很懊恼，她说："这事我也不可能报警，连跟朋友说都有些不好意思，初恋居然是这么戏剧化，真是丢人。"

今年年初，走亲戚的林昕在公交车上用手机玩自己刚刚下载的微信，一下就摇到了一个同车相距 3 米的男孩，男孩主动跟林昕打招呼，"因为当时我就见到了他，觉得他谈吐挺有趣，又都是大学生，我们俩的学校还刚好相邻，当时就相互加了好友。"

接触中，林昕发现，这个自称吴一晨的男孩说他家在河北，寒假没有回家而选择在西安勤工俭学。林昕觉得他很独立，聊了一周后，互有好感的两人开始正式交往。两周后的一个早上，吴一晨非常着急地打电话给林昕，告诉林昕自己的钱包丢了，和同学一时联系不上，租的房子急着要交钱，想向林昕借 2 000 元钱周转一下。处在热恋中的林昕没有多想，把自己的 2 600 元压岁钱都给了他。吴一晨连连表示感激。

"从此以后，我打电话他总说忙，要加班，连着一个星期都没见面。后来我再打电话过去已经是空号，微信也删除了。"林昕不甘心，又到男孩工作的超市打听，得到的答复是"查无此人"。这时，林昕开始怀疑对方是在骗自己，她懊恼地说："有什么办法？这事气得我整个寒假都很难过"。在被问到为何没有报警时，林昕苦笑了一下："说起来也是我自己认人不清，万一被熟人知道太丢人了，就当买个教训吧，幸好损失不大。"她说再也不相信这样的聊天工具了，也不敢见陌生网友了，"怪只怪自己没经验，太相信陌生人了"。

案例三：麻翻"高富帅"抢走30余万

近日，蒙自市公安局刑侦大队迅速侦破一特大抢劫案，抓获犯罪嫌疑人两名，缴获涉案价值30余万元的财物。今年9月28日，一市民到蒙自市公安局刑侦大队报警，称其于9月27日晚9点与一名通过"微信"结识、自称"李婷"的女子见面，在蒙自南湖公园喝下该女子事先准备的混有麻醉药的果汁后，又被该女子骗至红河州体育场"青岛啤酒广场"再次喝下掺有麻醉药的啤酒，昏睡在体育场门口附近，被"李婷"抢走其随身携带的欧米茄金表、金首饰、手机和现金等，共计损失317 600余元。

警方很快抓获了嫌疑人，经初查得知，嫌疑人彭某某系刚刑满释放人员，由于外债过多，教唆杨姓女子通过"微信"结识有钱男子，将男子约出后，将麻醉药物放入饮料、酒中，让受害人喝下，麻翻后实施抢劫。

案例四：刚买了5千元的充值卡，对方就消失了

学生小吴在微信上找到一则网络兼职信息，称"急需兼职，刷淘宝信誉，不出家门就能挣钱"。对方称主要是在淘宝购买充值卡帮刷信誉，五千元起买，购买五千元的充值卡就可以返回200元，本金与回扣会一起退还。随后，对方将网店地址发给小吴。于是小吴花五千元买了一张卡，对方表示马上把钱打给她。过了一会儿，小吴查询钱没有到账，就询问对方。"几分钟后，那个微信账号告诉我，系统出现问题，需要再购买一次充值卡，两笔钱才能一起打回"。这时，小吴开始怀疑自己受骗，便想索回刚才的五千元，可是这个微信号码却立刻下线，瞬间消失得无影无踪。

案例五：微信诈骗案呈上升趋势，几条信息骗走16万

随着智能手机的普及，微信成为海外留学的学子和国内家人联络的主要方式。然而，一些不法分子也盯上了微信，并利用微信将诈骗的黑手伸向留学家庭，20岁女生露露（化名）就是这样的受害者。留学德国的她怎么也没想到，骗子竟然会盗取她的微信账号，并利用她的微信从她国内的家人手中骗走16万元。等她的家人发现这是一个骗局时，可惜为时已晚。

因为新换了手机还没有换卡，露露一直用微信和国内的父母联系。让她无法想象的是，她的微信账号却在毫无察觉的情况下被盗了。3月15日那天中午，她父亲收到"她"的一条信息，让给国内的一个农行账户转16万元。微信中的

"露露"称，一位中国籍的导师家人得了重病急需要交手术预付款，于是托她找家人从国内把钱打到导师弟弟的卡里。"露露"还说，"导师"已经给了她一万欧元现金，周末就能将钱汇回国内，之所以从国内转账，是为了避免外汇兑换产生的手续费。

"因为我这两天也正好向家里要钱，没想到骗子就在这时候冒充我和家里人聊天，真是天衣无缝。"露露说，她父亲很快就将钱打到了"导师"弟弟的卡里。汇完钱后，父亲给她发了条信息，这时父女俩才恍然大悟。露露说，骗子全程是和她家人用文字聊天，并没有语音，所以家人才信以为真。"骗子说手机摔了，这其实是为避免语音聊天做铺垫"。露露说，骗子模仿她的说话习惯和家人聊天，而她父亲因为很忙也没注意，所以才没有露馅儿。

露露说，骗子使用她的微信账号和她家人聊天，却没有留下聊天记录，她还是在父亲那里拿到的聊天记录。记者看到，聊天记录上显示了骗子的农行卡号和手机号，银行卡和手机号的户主名为"王彬"。记者发现，骗子的手机号是一个深圳号码，目前已打不通了。说到这，露露非常懊悔："如果我换了手机卡，家里只要给我打个电话就不会发生这种事了。"

身在德国，为什么微信还会被盗号呢？露露突然想起，在家人收到骗子信息的前一天，一个同学在QQ上给她发来一个链接，问她认不认识链接照片上的人。"我点开链接发现不认识这个人，当我再给同学发信息时，却发现她已经不在我好友名单里了。"露露说，她的QQ和微信的密码是相同的，问题很可能出在这个奇怪的链接上。她怀疑，这个链接有可能被植入了盗号木马程序。目前，露露已经让家人到公安部门报案。

近来，国内很多城市都发生了针对留学生家庭的微信诈骗案件，一些海外的中国留学生网站也提示留学生家长们警惕"实习保证金"、"语言培训班"名义的微信诈骗。记者发现，针对留学家庭的微信诈骗一般存在"避免语音聊天"、"给国内账号打钱"的共同点，识别起来并不难。